爆轰波碰撞聚能爆破技术研究与应用

缪玉松　张　颖　陈凡秀　朱明德　著

中国矿业大学出版社

·徐州·

内容提要

本书以基础爆破试验、理论分析、数值模拟计算和工业应用相结合的方法，详细介绍了爆轰波碰撞聚能爆破技术的研究方法及核心技术。该技术具有操作便捷、炮孔利用率高和不受炮孔内水的影响等优点，可用于硬岩开挖、巷道掘进、岩塞爆破等夹制力大的工程爆破作业。

本书可作为高等院校材料专业本科教材，也可供相关学科与专业的研究生和相关科技工作者参考使用。

图书在版编目(CIP)数据

爆轰波碰撞聚能爆破技术研究与应用/缪玉松等著.—徐州：中国矿业大学出版社，2024.3

ISBN 978-7-5646-6188-5

Ⅰ.①爆… Ⅱ.①缪… Ⅲ.①炸药—破甲性能—爆炸力学—研究 Ⅳ.①TQ564②O38

中国国家版本馆CIP数据核字(2024)第053412号

书　　名 爆轰波碰撞聚能爆破技术研究与应用

著　　者 缪玉松　张　颖　陈凡秀　朱明德

责任编辑 于世连

出版发行 中国矿业大学出版社有限责任公司

(江苏省徐州市解放南路　邮编221008)

营销热线 (0516)83885370　83884103

出版服务 (0516)83995789　83884920

网　　址 http://www.cumtp.com　**E-mail**:cumtpvip@cumtp.com

印　　刷 徐州中矿大印发科技有限公司

开　　本 787 mm×1092 mm　1/16　**印张** 7.75　**字数** 152千字

版次印次 2024年3月第1版　2024年3月第1次印刷

定　　价 40.00元

前　言

如何提高炸药的能量利用率是工程爆破的研究热点之一。虽然现有的聚能和控制爆破技术能够实现增加局部爆炸破碎作用的目的，但是由于现有技术工艺繁琐和应用条件受限，难以在工程爆破中得到广泛应用。爆轰波碰撞聚能的爆破方法是工程爆破的一种新技术。该爆破方法具有操作便捷、炮孔利用率高和不受炮孔内水的影响等优点，可用于硬岩开挖、巷道掘进、岩塞爆破等夹制力大的工程爆破作业。

本书通过物理试验、理论分析、数值计算和工业应用试验等多种研究手段，详细介绍了爆轰波碰撞聚能爆破技术的建立历程、工艺设计、聚能机理、工业性试用效果以及推广前景。本书所介绍的爆轰波碰撞聚能的爆破方法可以为从事本行业的科研人员提供一种新的研究思路，也能积极推动我国聚能和控制爆破技术的发展。

在本书的写作过程中，大连理工大学李晓杰教授给予了精心的指导，在此表示衷心的感谢；青岛理工大学孔亮、吴迪、田勇、孟凡震、郭建、孙博闻、黄飞飞、李昱锦等给予了热心的帮助与支持，在此表示衷心的感谢！

本书的出版得到了国家自然科学基金项目、山东省自然科学基金项目、山东省青年创新团队资助计划项目、精细爆破国家重点试验室开放基金项目的大力支持，在此表示感谢！

作者一直致力于工程爆破和爆炸力学方面的科研工作，但限于作者水平有限，本书难免存在错误或者不妥之处，请读者批评指正。

著　者

2023年3月

目　录

第1章　绪　论

随着我国现代化和城镇化的发展，工程爆破技术在国民经济建设的很多领域发挥着越来越重要的作用。随着爆破技术的发展，传统的粗放型爆破作业形式已不适应“精细化、科学化和数字化”的发展趋势。越来越多科研工作者开始重视提高炸药能量利用率，提高岩石破碎效率，降低爆后岩石大块率，增加爆破循环进尺和减少爆破飞石量等，以保证开挖效果和降低次生灾害的影响程度。

目前，关于提高炸药局部破坏性能的研究主要是基于聚能效应展开的。现有的聚能爆破技术主要包括：有金属罩聚能、无金属罩聚能、切缝药包、空气间隔装药和爆轰波碰撞聚能等。有金属罩聚能由于制作金属罩的成本相对较高，同时对于低爆速的工业炸药又很难形成理想射流，很难达到提高炸药局部性能的效果，因此该方法主要应用于战斗部等军工品中。无金属罩聚能装药主要是应用非金属材料替代金属罩，虽有一定的聚能作用，但往往受炮孔内水及炸药装填量的影响。切缝药包、切槽爆破及空气间隔装药的控制爆破技术等仅适用于特定的工程爆破，难以大规模实施应用。爆轰波碰撞聚能主要应用于多点起爆战斗部定向飞片控制技术。爆轰波碰撞聚能是以“高精尖”的军事应用为主，尚未见在爆破工程中应用。因此，开展提高工业炸药的局部聚能效应，提高炸药在坚硬岩石爆破中的能量利用率，最大程度提升炸药与岩石的合理匹配问题的相关研究，将有着十分重要的意义。

1.1　岩石爆破作用研究

岩石爆破是矿山开采、场地平整、隧道掘进和港口修建等工程中的重要环节。岩石爆破效果影响后续铲装、运输和机械破碎等的施工效率和经济效益。然而受炸药性能的局限和岩石复杂多变力学性质的影响，工作者多凭经验得出炸药与岩石爆破作用之间的一些定性认识，往往难于精确给出它们之间的定量关系。

岩石爆破作用的破碎行为是一个复杂的能量传递过程，它不仅与岩石自身性质有关，还受周围环境、惯性效应等其他因素的影响。在岩石爆破机理研究中，一般将岩石破碎的原因归纳为以下三点：① 炸药爆轰波。从爆炸冲击动力学的观点出发，认为炸药爆炸会产生强烈的爆轰波，爆轰波作用在周围岩体上，造成临近药包的岩体局部破碎，之后衰减为冲击波往外传播。② 爆生气体。从静力学和热力学第一定律的角度出发，认为炸药爆炸后产生大量的爆生气体，使得炮孔体积迅速膨胀，引起岩石的径向位移。③ 二者共同作用的结果。这样考虑比较全面，所得结果比较符合现场实际，被广大爆破工作者所认可，认为冲击波在岩石形成初始径向裂纹时起先导作用，而大量岩石破碎圈的形成则是爆生气体的作用结果。

通常认为，炸药在炮孔中被引爆后，将会对岩石发生如下的破碎过程：① 强大的冲击波压应力远远超过岩石本身的抗压强度，炮孔周围的岩石受压破碎，形成压缩破碎圈和初始裂隙。② 冲击波反射和岩石破碎圈扩展形成的拉应力使岩石中的裂隙继续扩展，引起岩石进一步破碎。③ 爆生气体使岩石中的裂隙进一步扩展和贯通，碎胀体积增加，最终岩石破碎成块或成片。

炮孔周围空间在爆破的作用下可以划分为三个区域：① 破碎区（爆破近区）。炮孔周围爆轰波压力非常高，远远超过岩石本身的抗压强度。高压力脉冲的能量消耗使得该区域的岩石产生粉碎性破坏，一般该范围在 2～3 倍炮孔直径范围内。② 裂隙区（爆破中区）。该区域岩石破碎程度随冲击波压力峰值的衰减而减弱，整个爆破中区的破坏过程均处于气体准静压力场。气体的准静态作用决定炮孔周围裂纹扩展的效果。岩石本身的节理、裂隙等自然构造是应力最为集中的部分，易于产生断裂破坏。岩石在受炸药爆炸产生径向压应力的同时，也受到远大于其抗拉强度的切向拉应力作用，最终在被爆体岩体内形成径向裂隙。岩体内有产生径向拉应力的卸载波，使径向裂隙之间产生切向裂隙。通常，该区域所产生的径向裂纹范围仅限于炮孔孔径的 2～6 倍。③ 振动区（爆破远区）。在远离炮孔的位置冲击波应力已经衰减至不足以产生裂隙的强度，冲击波转换为地震波并向外传播，该部分能量占炸药爆炸释放总能量的 2%～6%。

1.1.1 岩石爆破破碎理论模型

为了有效实施工程爆破作业，应清楚岩石在爆破作用下的破碎机理。在弹性力学和断裂力学等岩石爆破破碎理论模型的基础上，先后形成以哈利斯模型为代表的爆生气体理论和以费弗雷模型为主的应力波理论流派。随着断裂力学的发展，科研工作者着手应用裂纹扩展的理论来解释岩石爆破破碎过程。断裂理论模型已成为现代爆破理论发展的基础，其中最具有代表性的为 NAG-FRAG 和 BCM 模型。

1.1.1.1 哈利斯弹性理论模型

哈利斯弹性理论模型是在爆生气体准静态压力理论的基础上发展而来的。该模型首先将复杂的爆破作用过程进行简化，将动态三维连续介质问题简化为准静态二维连续介质弹性问题，将爆轰压力作为影响爆破效果的主要研究对象。该理论认为炸药引爆后所产生的爆轰气体作用在炮孔壁时，周边岩体内产生垂直炮孔的切向拉应力。因此，此时岩体应变值可按照弹性力学中的厚壁筒方法计算。孔壁处的切向应变 ε 可表述为：

$$\varepsilon=\frac{(1-\mu)p}{2(1-2\mu)\rho c_{\mathrm{p}}^{2}+3(1-\mu)k\cdot p} \tag{1-1}$$

式中 p——爆轰压力；

c_{p}——岩石纵波波速；

ρ——岩石密度；

μ——泊松比；

k——炸药绝热指数。

由于爆炸压力与传播距离呈负指数衰减，在距离炮孔 r 处产生的切向应变值可表示为：

$$\varepsilon(r)=[\varepsilon/(r/b)]\cdot \mathrm{e}^{-\alpha(r/b)} \tag{1-2}$$

式中 b——炮孔半径；

α——衰减指数。

在距离炮孔 r 处的径向裂纹条数 n 可由其切线应变值和岩石动态极限抗拉应变值 T 进行简单求解：

$$n=\varepsilon(r)/T \tag{1-3}$$

1.1.1.2 费弗雷弹性理论模型

费弗雷弹性理论模型是以应力波理论为基础的。在假设岩石各向同性的条件下，费弗雷归纳出一个简单的多元回归状态方程来描述球状药包周围应力波的解析解。该方程为：

$$u(r,t)=\mathrm{e}^{\frac{-\alpha^{2}t}{\rho c_{\mathrm{p}}b}}\left[\left(\frac{pb^{2}c_{\mathrm{p}}}{\alpha\beta r^{2}}\right)-\frac{\alpha\beta b}{\rho c_{\mathrm{p}}r}\right]\sin\frac{\alpha\beta t}{\rho c_{\mathrm{p}}b}+\frac{pb}{\rho c_{\mathrm{p}}r}\cos\frac{\alpha\beta t}{\rho c_{\mathrm{p}}b} \tag{1-4}$$

$$\begin{cases}\alpha^{2}=\dfrac{2(1-2\mu)\rho c_{\mathrm{p}}^{2}+3(1-\mu)kc^{-k}p}{2(1-v)}\\[2ex]\beta^{2}=\dfrac{2\rho c_{\mathrm{p}}^{2}+3(1-\mu)kc^{-k}p}{2(1-\mu)}\end{cases} \tag{1-5}$$

式中　$u(r,t)$——质点速度；

r——与炮孔间的距离；

t——延迟时间；

其他参数含义同前。

基于该理论模型开发的 BLASPA 能够通过炸药性能、炮孔参数、岩石特性和爆破网络等参数模拟输出爆破效果的预测预报数据。

1.1.1.3　NAG-FRAG 断裂理论模型

NAG-FRAG 断裂理论模型采用一种将计算机程序与模型研究相结合的方法，其根源为研究裂纹的密集程度和扩展情况及破碎程度的综合方式，同时考虑爆炸应力波和气体的共同作用。岩体内产生的裂纹密度 N_g 和已有裂纹长度(假设裂纹半径为 R)的指数关系表示为：

$$N_g = N_0 e^{-\frac{R}{R_1}} \tag{1-6}$$

式中　N_0——裂纹总数；

R_1——裂纹半径分布常数。

裂纹成核速度 $\dot{N}$ 取决于裂纹面垂直拉应力 σ_0 形成裂纹数目取决于成核速度 $\dot{N}$ 函数：

$$\dot{N} = \dot{N}_0 e^{(\frac{\sigma-\sigma_{n_0}}{A_1})} \tag{1-7}$$

式中　$\dot{N}_0$——临界成核速度；

σ_{n_0}——裂纹临界成核应力；

A_1——成核速度对应力大小的灵敏度系数。

裂纹扩展受裂纹表面的垂直拉应力 σ 和作用于裂纹表面上的气体压力 p_0 共同作用的影响，则有：

$$\frac{dR}{dt} = T_1(\sigma + p_0 - \sigma_{g0})R \tag{1-8}$$

式中　T_1——裂纹成核系数；

σ_{g0}——裂纹成核所必需的临界应力。

由格里菲斯断裂力学理论可得出裂纹成核所必需的临界应力。假设该临界应力会使半径大于 r^* 的裂纹扩展，但半径小于 r^* 的裂纹将不会受到影响。r^* 可表示为：

$$r^* = \pi K_{IC}^2/(4\sigma^2) \tag{1-9}$$

式中　K_{IC}——断裂韧性。

裂纹扩展的临界应力 σ_{g0} 为：

$$\sigma_{g0} = K_{IC}\sqrt{\pi/(4r^{*})} \tag{1-10}$$

联立式(1-6)至式(1-10)，即可根据岩石固有节理裂隙等裂纹的状态，判定在爆炸作用下被激活的裂纹条数。

1.1.1.4　BCM 断裂模型

BCM 模型是在格里菲斯裂纹传播理论的基础上发展而来的，是建立在如下两个假设基础上的。

① 岩体本身包含大量且可描述为圆盘状的裂纹，这些裂纹方向一致且垂直于 X 轴。

② 岩体内固有裂纹的分布状态固定且呈指数分布，即存在下列关系：

$$N = N_0 e^{-\frac{C}{C'}} \tag{1-11}$$

式中　N——裂纹半径大于 C 的数量；

N_0——固有裂纹数量；

C'——分布常数。

根据格里菲斯理论可知，当作用于岩体固有裂纹的应变能 W 超过裂纹扩展所需要的能量 T 时，固有裂纹会进一步扩展且产生新的微裂纹，即：

$$\frac{\partial(W - T)}{\partial R} > 0 \tag{1-12}$$

丹尼尔在马戈林基础上，应用格里菲斯分析法建立 BCM 模型中的临界裂纹长度 C_{min} 的扩展判据。

① 当 σ_{yy} 为拉应力时，C_{min} 为：

$$C_{min} = \frac{\pi K_{IC}^2}{4(2\sigma_{ry} + \frac{4}{2-\mu}\sigma_{xy}^2)} \tag{1-13}$$

② 当 σ_{yy} 为压应力时，C_{min} 为：

$$C_{min} = \frac{\pi K_{IC}^2(2-\mu)}{4\ (2\sigma_{xy} - \tau)^2} \tag{1-14}$$

式中　σ_{ry}，σ_{xy}——对应位置上的应力分量；

r，x，y——轴向、径向和切向。

岩石中存在的固有裂纹会改变岩石本身的有效弹性模量。随着裂纹不断扩展，岩石自身性质发生变化，其表现为准脆性。此时，爆破作用下的裂纹扩展准则可表示为：

$$\sigma > \sigma_c = \sqrt{\pi/(4a_0)}\,K_{IC} \tag{1-15}$$

式中　σ——炸药爆炸产生的应力；

σ_c——岩石裂纹扩展的临界应力；

a_0——岩石本身固有的微裂纹初始半径。

a_0 可表示为：

$$a_0 = \frac{1}{2}\left(\frac{\sqrt{20}K_{IC}}{\rho c_p \dot{\varepsilon}_{max}}\right)^{2/3} \tag{1-16}$$

式中 $\dot{\varepsilon}_{max}$——炸药爆炸在岩体内部产生的最大体积拉应变率。

岩石爆破作用产生的破碎区主要是压应力作用的结果，而在裂隙区一般不考虑压应力下的扩展问题，因此仅将拉应力作用作为主要的研究对象。裂隙区内的裂纹扩展只是发生在一定的范围内，且该范围的半径和裂隙尺寸取决于炸药作用在炮孔壁的能量、爆轰波分布、爆生气体压力、岩石性质及固有裂隙等。

1.1.2 炸药与岩石匹配问题

长期以来，爆破工作者从炸药微观结构和岩体性质等不同角度对炸药性能与岩石爆破作用匹配问题进行研究，取得显著成果。

1.1.2.1 国外炸药与岩石匹配问题研究

20 世纪 60 年代初期，炸药性能与岩石之间的匹配问题在国外开始受到爆破工作者的重视。

1963 年，阿什等[1]全面研究了应力波传播与岩石破碎的关系，认为：炸药性能的变化会对岩石爆破作用产生显著的影响。

1967 年，杜瓦尔等[2]通过爆炸应力波作用的研究，认为：爆炸应力波在炮孔壁面的反射是岩石破碎的主要诱因。

20 世纪 70 年代，库特等[3]认为：爆破效果主要由岩石单位体积内积蓄的炸药能量多少、岩石硬度大小和炮孔负荷范围决定。

20 世纪 70 年代，哈努卡耶夫[4]从爆破破碎岩石角度，介绍了岩石的断裂理论和强度标准，绘制了炸药能量分配和岩石破碎移动消耗能量的关系，认为：当炸药岩石波阻抗值相等时，炸药爆炸产生的冲击波能够全部透射到岩石中去，此时能量传递系数最高。

从波动理论和能量传递的角度出发，合理的炸药岩石阻抗匹配至少应体现在以下两个方面：① 炸药能量利用率高。炸药爆炸释放的能量可以充分地透过孔壁，且最大程度的作用于岩石裂纹扩展；② 炸药局部作用强。炸药爆炸作用在岩石中的应力场应使岩石形成局部的强压力点，以达到最佳的破碎效果。

1.1.2.2 国内炸药与岩石匹配问题研究

国内关于炸药与岩石匹配问题的研究直到 20 世纪 80 年代末才开始受到

重视。

1981年,纽强等[5]应用水泥砂浆试件和粉状黑索金炸药模拟岩石与炸药的波阻抗匹配问题,指出:最佳的炸药岩石匹配并不是简单的波阻抗相等,而是要针对松软岩层、中等岩层和高强度坚硬岩层分别计算其波阻抗。

张奇等[6]通过分析三组炸药与岩石匹配问题,指出:炸药能量利用率不仅取决于炸药与岩石的阻抗关系,还取决于爆炸冲击波的衰减指数。

李夕兵等[7]通过药卷爆轰与孔壁作用过程模型分析,指出:炸药与岩石阻抗匹配的范围可以在0.7～2.6之间。

赖应得[8]从能量匹配角度指出:通过增加或减少装药量来调整炸药能量,以适应岩石破碎的需求。

卢珊珊[9]指出:当单孔装填药量增加3倍时,岩石损伤半径和压力峰值可增长50%和70%,对应的振速峰值也会增加70%;如果炸药总药量增加3倍,那么相应的岩体主应力峰值和各向振速也会增加300%。

综上所述,炸药与岩石的最佳匹配不仅是理论上的波阻抗、能量和全过程匹配问题,还是寻求一种提高炸药的能量利用率,抑或提高炸药的局部作用能力的方法来实现爆炸能量的最优利用问题。

目前,随着断裂力学、爆炸力学、爆破理论和岩石破碎理论研究的深入,产生了很多以聚能爆破为基础的有无金属罩聚能、切缝药包、切槽孔、空气间隔装药等爆破新技术。

1.2 聚能爆破技术研究

聚能爆破是在聚能效应基础上发展而来的。随着聚能效应的发展,聚能爆破实现方法得到很大发展,聚能爆破应用范围已不再局限于军事上,在石油开采、拆除爆破、金属切割、控制爆破、基础爆炸夯实等工程施工中得到广泛的应用。目前,被大家认同的聚能效应是指通过特殊形状的装药结构或爆轰波碰撞形式,使爆轰产物聚集起来,形成高温、高压、高能量密度的区域,以增加爆炸效果的现象。

1.2.1 有金属罩聚能爆破

聚能罩是决定聚能效果的主要部分。聚能罩的材质、形状、锥角和壁厚等直接影响着聚能射流的形成。根据流体动力学中的侵彻理论,通常高密度、高声速和高动态断裂延伸率的材料能够形成长且稳定的射流,更有利于对目标物的侵彻。

如图 1-1 所示，在聚能罩表面的聚能过程主要受以下两点因素的影响：① 炸药爆炸产物以近似垂直的方向作用于聚能罩面，并在中心轴线上进行汇聚，形成应力集中。② 在中心轴线汇聚的爆炸产物使该区域形成压力更高的高压区，并迫使爆炸产物能量向低压区分散。因此，受上述因素的影响，聚能罩作用下形成的汇聚气流不可能无限集中。

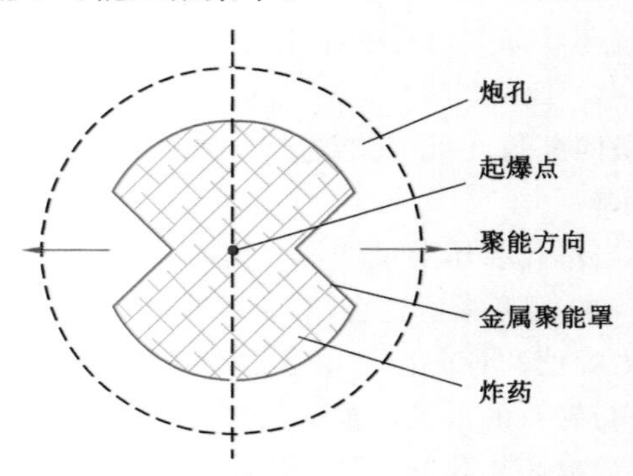

图 1-1　有聚能罩的聚能作用示意图

将聚能部分的能量分为位能和动能。若用能量密度 E 表示能量的集中程度，则 E 可表示为：

$$E=\rho\left[\frac{p}{(k-1)\rho}+\frac{1}{2}u^{2}\right]=\frac{p}{(k-1)}+\frac{1}{2}\rho u^{2} \tag{1-17}$$

式中　ρ——爆轰波阵面中的密度；

p——爆轰波阵面中的压力；

k——爆轰波阵面中的多方指数；

u——爆轰波阵面中的质点速度。

在气流汇聚过程中，位能起消极作用，动能起主导作用。为了提高能量的集中程度，首要任务是将爆炸作用释放的能量尽可能转换为动能。在空穴的表面嵌装一个金属聚能罩，这样爆炸产物在推动罩壁向轴线运动时将能量以动能的形式传递给聚能罩，由此便可避免在炸药爆轰气体汇聚后高压膨胀引起的能量分散。

目前常见的聚能罩类型有轴对称、面对称和中心对称等，如图 1-2 所示。聚能罩材料有纯金属（紫铜、钼、钨等）和复合材料（钨铜、钼铜等）。近年来，聚能罩的结构和材料等研究取得一系列的重大发展。聚能药包就是基于带有金属罩的聚能爆破发展而来的。受金属罩材料回收和加工工艺的影响，无论采用哪种结构或材料,都会造成金属材料的浪费。在不考虑材料损耗的情况下,将带有金属罩的聚能装置应用到工程爆破中,能够改善爆破质量。但对于一般低爆速的工业炸药,即使有聚能罩的作用,也难以形成理想的金属射流。

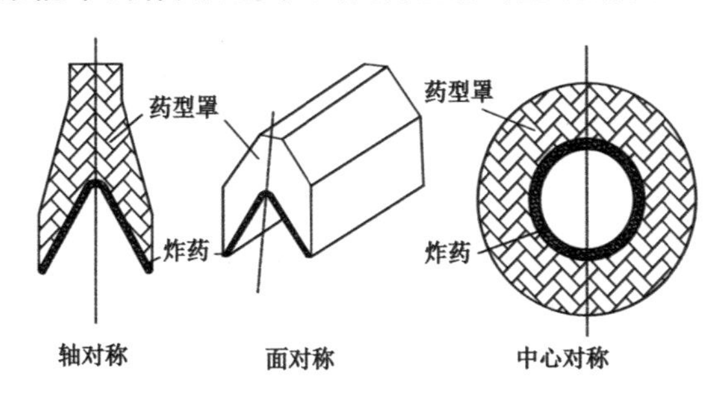

图 1-2 常见聚能罩类型

1.2.2 无金属罩聚能爆破

无金属罩聚能爆破是指在有聚能罩聚能装药中,摒除金属罩材料,应用PVC材料等其他非金属材料制成带有空穴结构的药包,利用爆轰波在空穴轴线方向的汇聚,形成高密度、高速和高压的气体射流的一种爆破方法。装药结构对目标体的破坏情况见图 1-3。普通无空穴结构的装药圆柱体爆破后仅仅在目标体表面形成一个凹坑,如图 1-3(a)所示;带有聚能罩的装药圆柱体爆破后对目标体的破坏深度明显增大,如图 1-3(b)所示;带有聚能罩且距离目标体一定炸高的装药圆柱体爆破后对目标体的破坏深度较无炸高时略有增大,如图 1-3(c)所示;无聚能罩的空穴结构装药圆柱体爆破后对目标体的破坏深度较普通无空穴装药深,但较有金属罩装药要短很多,如图 1-3(d)所示。

无金属罩聚能爆破技术尚未在工程爆破中推广的原因:① 一般低价工业炸药爆速为 2 800～4 200 m/s,达不到聚能爆破对炸药高爆速的要求;② 装药工艺繁琐;③ 材料消耗量大。

1.2.3 切缝药包爆破技术

随着断裂力学的发展和爆轰波破岩作用机理的深入研究,在光面爆破的和无金属罩聚能爆破的基础上,出现了在炮孔内使用轴向切缝的管状药包,在岩体内形成定向裂缝的切缝药包控制爆破技术(如图 1-4 所示)。

该技术的实质是:在具有一定密度和强度的炸药外包装上开具不同角度、形状的切缝口,通过改变炸药爆轰产物的飞散方向,利用密度大于爆轰产物的套

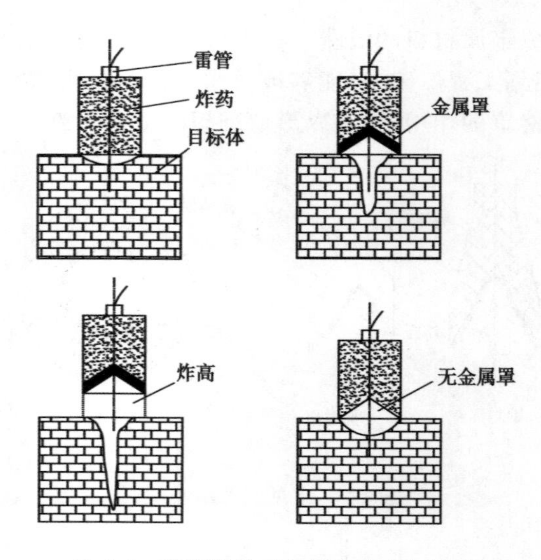

图 1-3 装药结构对目标体的破坏情况

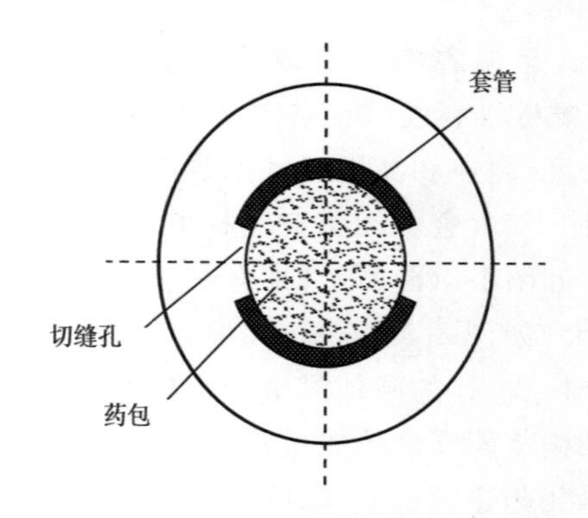

图 1-4 切缝药包控制爆破技术

管，使爆轰产物在套管表面产生反射冲击波，仅将能量衰减后的透射波作用在炮孔壁上，降低在套管区域内产生径向裂纹的可能性；而在切缝方向，由于爆轰产物直接作用于空气介质，形成高速、高压的冲击波直接作用于炮孔壁上，其作用强度一般大于岩体的最大抗压强度，使炮孔壁上预先形成初始裂纹，有利于爆轰气体在切缝方向的汇聚，达到定向聚能的目的。

对于切缝药包控制爆破技术来说，切缝外壳材料参数、不耦合系数和爆生气体作用时间是决定其爆破效果的重要因素。通常认为切缝外壳材质波阻抗与待爆体波阻抗相匹配时切缝爆破效果最佳，切缝外壳厚度和切缝宽度则需要通过现场试验获得。

虽然切缝药包只需在炮孔内装填预制好的切缝药卷，操作简单，易于施工，但在工程爆破应用中仍存在以下问题：① 尚没有一套成形、快捷的装药系统和方法；② 切缝管外壳材料（ABS 或 PVC 塑料管）、药包不耦合系数、切缝宽度和外壳厚度等与待爆岩石波阻抗匹配最佳值尚有待解决；③ 切缝管的存在，削弱了经过切缝管的透射波能量，缩小了孔壁粉碎区的半径。因此，该技术主要用于光面爆破、石材开采等。

1.2.4　切槽爆破技术

切槽爆破本质上不是聚能爆破，但与聚能爆破效果相当，其原理是以断裂力学为基础的。通过在炮孔壁钻凿预制切槽（如图 1-5 所示），将爆轰产物作用在炮孔壁的圆形受力结构改为作用在带有楔形切槽的不均匀受力结构，产生应力集中，在切槽内导入爆炸瞬间产生的高压应力波和爆生气体，形成强有力的“气楔”，使岩体在预定方向形成初始裂纹并扩展，而周围岩体免遭损伤。目前切槽爆破技术主要应用于石材开采。

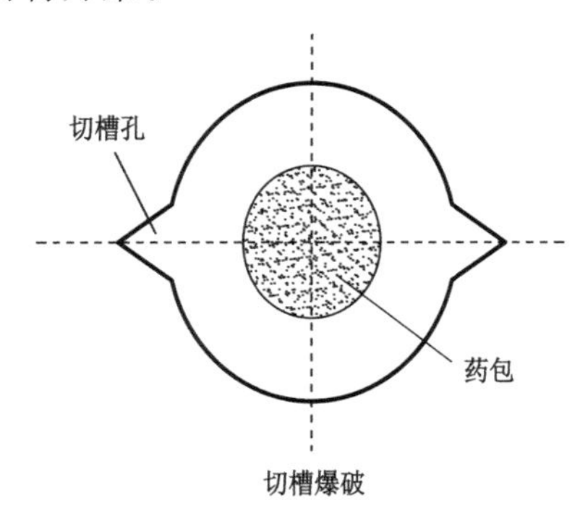

图 1-5　炮孔壁钻凿预制切槽

虽然关于切槽爆破技术的研究开展已久，但至今没有广泛应用到工程爆破中，其主要原因是切槽过程必须二次钻孔。另外，尚未找到在炮孔预定的周边形成一定长度和宽度的初始裂纹的有效方法。尤其是在切槽定向爆破时，切槽张角、切槽深度、切槽尖端面曲率半径和锐度等都会影响到爆破效果。切槽爆破多采用不耦合装药，利用孔壁与药包间的空隙衰减炸药爆炸形成的高温高压气体，会产生炮孔利用率低的问题。

1.2.5　空气间隔装药爆破技术

空气间隔装药爆破技术的要点是通过空气间隔的方式控制爆轰产物和从炮

孔壁反射的稀疏波的炮孔压力卸载过程，防止炮孔近区的过度破碎，进而提高炸药作用在裂隙区的能量利用率。根据空气间隔在炮孔与炸药中心的位置，空气间隔装药爆破技术可以分为顶部、中间、底部和径向空气间隔四种类型（如图 1-6所示）。

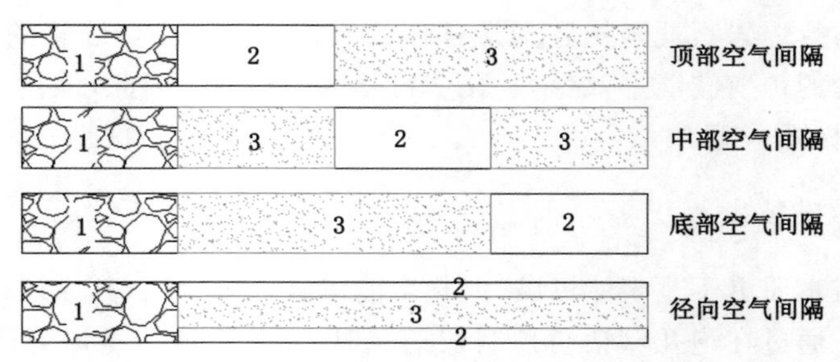

1—填塞段；2—空气间隔；3—炸药。

图 1-6　空气间隔装药爆破技术分类

对于空气间隔装药，纵观从炸药引爆形成爆轰波传播，到冲击波与空气、岩石介质的耦合作用直至最终形成爆堆的整个过程，虽然空气间隔爆轰波传播、破岩机理和损伤演化等方面的研究取得很大进展，但是在实际工程应用中，空气间隔装药爆破仍存在空气间隔位置难以固定和空气层比例取值范围广等问题。空气间隔装药爆破技术主要应用于采矿块度控制。

1.2.6　多点起爆战斗部定向飞片控制技术

多点起爆战斗部定向飞片控制技术是一种基于爆轰波碰撞聚能而实现的爆破技术。这种技术可以通过缩短主装药反应时间，在炸药中利用爆轰波碰撞产生聚能效应，提高炸药驱动飞片的能量利用率，控制定向飞片的形状，调整弹丸的飞行方向。这种技术属于多点起爆技术，在军事领域业已得到较为成熟的应用。但是在工程爆破领域，多点起爆技术发展得相对迟缓。

1.3　工业爆破器材简介

1.3.1　工业起爆器材

1.3.1.1　工业雷管

工程爆破常用的工业雷管包括有火雷管、电雷管、非电雷管和电子雷管。火雷管和电雷管安全稳定性较差，已被禁止用于一般工程爆破。电子雷管成本高昂，大多被用于爆破精度较高的拆除或控制爆破，很少被用于工程爆破。在工程爆破中应用最多的是非电毫秒延期导爆管雷管。这种雷管一般由管壳、卡口、起爆药(或无起爆药)、延期元件、引火元件和外接导爆管等组成。这种雷管的作用原理是应用小药量高感度炸药在外接起爆信号作用下起爆雷管底部装药，进而实现对外部主装药的起爆。

非电延期导爆管雷管爆破为微差爆破技术，其在工程爆破中的应用提供了坚实的基础保障。对于炮孔较深的爆破作业，为了避免起爆点远端爆轰不完全的现象，也常在炮孔内布置多发延期导爆管，以达到多点起爆，提高炸药能量利用率的目的。

如表1-1所示，工程爆破中常用的毫秒导爆管雷管的延时偏差一般在±10 ms以上；精度较高、延时控制步长为1 ms的电子雷管的延时偏差只能控制在±0.2 ms内。若按照炸药爆速为3 m/ms，对于平面多点起爆或深孔多点起爆，则电子雷管可能产生1.2 m的传爆误差，毫秒导爆管雷管产生的传爆误差更大。虽然在工程爆破中，应用工业雷管多点起爆技术在理论上能够产生爆轰波的碰撞聚能，但爆轰波在炮孔内的碰撞位置却难以掌控。因此应用工业雷管实现多点起爆、爆轰波碰撞聚能在工程爆破中难以实施。

表1-1　毫秒导爆管雷管(第一系列)延时特性

段别	1	2	3	4	5	6	7	8	9	10
延时/ms	0	25	50	75	110	150	200	250	310	380
偏差/ms	+13	±10	±10	+15 −10	±15	±20	+20 −15	±25	±30	±35
段别	11	12	13	14	15	16	17	18	19	20
延时/ms	460	550	650	760	880	1 020	1 200	1 400	1 700	2 000
偏差/ms	±40	±45	±50	±55	±60	±70	±90	±100	±130	±150

1.3.1.2　导爆索

导爆索是以粉状猛炸药作为药芯，以棉麻、塑料和纤维等作为被覆材料，能够将起爆端产生的爆轰波稳定传递的索状爆破器材。

由于导爆索药芯为猛炸药，一般导爆索的爆速可以达到常用工业炸药爆速的1.5倍，缩短了炸药能量释放时间，增加了单位体积内炸药释放能量密度，使目标体得到更加严重的破坏。常用导爆索性能指标如表1-2所示。

表 1-2　常用导爆索性能指标

类别	普通导爆索		震源导爆索		煤矿需用导爆索	低能导爆索
	棉线	塑料	棉线	塑料		
包缠物	棉线、纸条	塑料	棉线	塑料	塑料	塑料
直径/mm	≤6.2	≤6.0	≤9.5		7.3	3±0.1
装药量/(g/m)	≥11.0		38.0±2.0		12	≤2
爆速/(m/s)	≥6 000		≥6 500		6 000	≥7 000
起爆能力	1.5 m 长的导爆索应能完全起爆一个 200 g 压装 TNT 药块				完全起爆 2 号、3 号煤矿粉状铵梯炸药	有效引爆起爆药柱
传爆性能	按 8 号雷管起爆，应爆轰完全传爆可靠					

1.3.2　工业炸药

工业炸药，是由氧化剂、可燃剂和为提高炸药性能的添加剂等按照氧平衡的原理均匀混合配制的爆炸物。在工业炸药中，常用硝酸铵作为氧化剂，木粉、石蜡、柴油类碳氢化合物作为可燃剂，有时可通过添加少量镁粉、铝粉、单质炸药或微气泡等提高炸药性能。常用工业炸药性能指标如表 1-3 所示。在工程爆破中常用的工业炸药主要包括铵油炸药和乳化炸药。

表 1-3　常用工业炸药性能指标

性能	炸药				
	岩石改性铵油炸药	多孔粒状铵油炸药	岩石乳化炸药		岩石粉状乳化炸药
			1 号	2 号	
药卷密度/(g/cm³)	0.9～1.1	0.8～1.0	0.95～1.30		0.85～1.05
猛度/mm	≥12	≥15	≥16	≥12	≥13
做功能力/mL	≥298	≥278	≥300	≥260	≥300
爆速/(m/s)	≥3 200	≥2 500	≥4 500	≥3 500	≥3 400
殉爆距离/cm	≥3	—	≥4	≥3	≥5

1.3.2.1　铵油炸药

铵油炸药是指以粉状硝酸铵为主要成分，按一定比例混合有柴油、木粉等其他添加剂的粉末或颗粒的爆炸性混合物。铵油炸药组分内较少含有高能或猛炸药，尚存在有感度低、易受潮、爆炸威力低、储存期短和爆速低等缺点。但铵油炸药具有原材料来源广泛、生产工艺简单、制作成本低廉、生产和使用安全性高等特点，在世界范围内得到广泛应用。铵油炸药具有很好的爆轰效果，且不含有毒有害物质，被广泛应用到矿山开采、土石方开挖等大中型不含水爆破工程中。在实际爆破作业中，受铵油炸药装药密度和自身性能的影响，在硬岩爆破中，使用铵油炸药爆破常出现大块率高、破碎不均匀和留有爆破根底等不良现象。

1.3.2.2 乳化炸药

乳化炸药是在浆状炸药基础上，按照氧平衡原理，借助乳化剂作用，用乳化技术将氧化剂盐类水溶液微滴均匀分布在多孔物质油相介质中，形成由乳化液和敏化气泡构成的一种油包水型的乳胶状炸药。与铵油炸药相比，乳化炸药感度有很大提高，可以生产具有雷管感度的乳化炸药。乳化炸药具有较好的抗水性能、可调节装药密度、可调节起爆感度、原材料来源广泛、价格低廉等优点，广泛用于露天矿山开采、隧道开挖、水下等含水或不含水爆破作业中。依据国家标准，乳化炸药爆速为 3 500～5 000 m/s，其做功能力与铵油炸药的差不多(均不小于 250 mL)，能够满足一般工程爆破要求。当岩石硬度大、夹制力大的硬岩爆破时，虽然可以通过添加铝粉、硫黄粉等热值较高的物质来提高乳化炸药爆破效果，但是常出现爆破进尺短、大块率高和留有根底等现象。

第2章　爆轰波碰撞聚能试验研究

多点起爆能够提高炸药的局部威力和能量利用率。众所周知，两点以上炸药起爆时爆轰波对目标物的破坏肯定比单点起爆时的严重，但其对目标物具体破坏的效果却没有学者通过一个系统试验进行对比与分析。为了验证爆轰波碰撞聚能与常规爆破的差异，从以下四点进行试验验证：① 验证爆轰波碰撞聚能是否具有方向性；② 验证爆轰波碰撞聚能作用强度；③ 验证在同等药量的情况下，爆轰波碰撞聚能是否比常规雷管起爆时的破坏能力更强；④ 观察爆轰波碰撞聚能方式下与常规雷管起爆方式下对岩石裂纹扩展的影响。本章从刻蚀与扩孔显像试验、标准炸药猛度和做功能力性能试验到岩石爆破裂纹扩展试验逐步开展深入研究。

2.1　刻蚀与扩孔显像试验研究

为了更加准确说明爆轰波碰撞聚能的特点，按照如下三种形式进行装药和起爆设计。① 中心雷管，用来模拟常规工程爆破中的雷管起爆；② 爆轰波聚能，将两根导爆索对称分布在装药柱两侧，用来模拟爆轰波碰撞聚能的特征；③ 中心线性，将两根导爆索紧贴并拢在一起捆紧，然后沿着装药中心插入至底端，用来观察导爆索本身对试验结果的影响。装药和起爆材料装配图如图 2-1所示。

2.1.1　钢板刻蚀试验

选择 200 mm×200 mm 钢板作为刻蚀目标体。按照图 2-1 所示的装配方式分别装填炸药。每组装药量为 100 g。钢板刻蚀试验结果如图 2-2 所示。

从图 2-2 可以看出，中心雷管起爆时，在钢板底部形成比较均匀的漏斗状刻痕 1；采用爆轰聚能起爆时，不仅在导爆索起爆点的底部形成两点明显的刻痕 2，而且还在起爆点的中心轴线上形成一条明显的刻痕 3；采用中心线性起爆时，仅

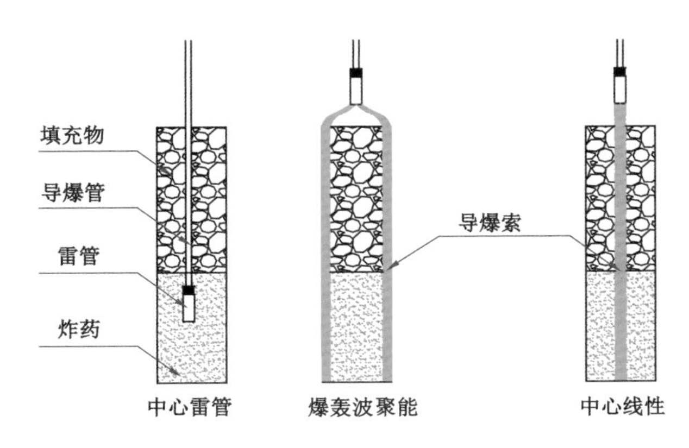

图 2-1　装药和起爆材料装配图

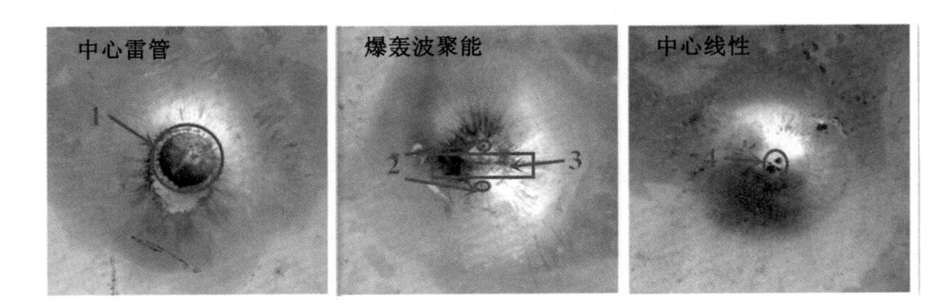

图 2-2　钢板刻蚀试验结果

在导爆索起爆点的底部形成两点明显的刻痕 4。通过钢板刻蚀试验可以简单反映出中心雷管起爆时和中心线性起爆时形成的爆轰波压力分布较为均匀;爆轰波聚能起爆时在起爆点处形成不均匀爆轰压力的同时,也在中心轴线上形成了一个较明显的爆轰高压刻蚀面。由此说明,开展爆轰波碰撞聚能问题的相关研究将有着十分重要的意义。

2.1.2　铝板扩孔试验

选取厚度为 30 mm 的铝板,在中心钻凿 30 mm 炮孔。每孔炸药装药量为 20 g。采用图 2-1 所示的起爆方式进行装药。装药起爆后得到的铝板扩孔试验结果如图 2-3 所示。

从三种起爆形式下的铝板扩孔试验结果可以看出,中心雷管起爆时和中心线性起爆时形成的孔壁面比较平整光滑,说明这两种起爆形式下在炮孔四周形成的冲击压力较为均匀。而爆轰波碰撞聚能起爆时,在导爆索对称布置的中心轴线方向上形成两块明显的刻蚀痕迹(如图 2-3 中圆圈所示),说明在刻蚀处具有较大的冲击压力，即在该起爆方式下能够在炮孔壁形成不均匀的冲击压力。

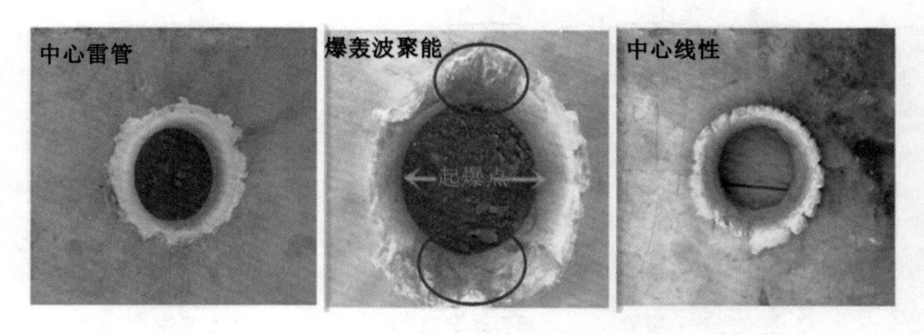

图 2-3 铝板扩孔试验结果

对不同起爆形式爆破后的扩孔直径和厚度进行测量。铝板扩孔试验结果对比如图 2-4 所示。爆轰波聚能爆破后，铝板厚度较中心线性爆破后增大 0.76%，较中心雷管爆破后增大 12.34%，其主要表现为：爆轰波聚能爆破后在炮孔侧壁形成两条较大的突起。中心雷管起爆形式下冲击压力则表现得比较均匀。爆轰波聚能爆破后孔平均直径较中心线性爆破后增大 3.48%，较中心雷管爆破后减小 0.93%；爆轰波聚能爆破后在导爆索布置中心轴线上的最大孔直径为59 mm，较中心雷管爆破后增加 2.6%。上述分析表明，爆轰波碰撞聚能爆破技术能够改变炸药爆轰压力的局部分布。

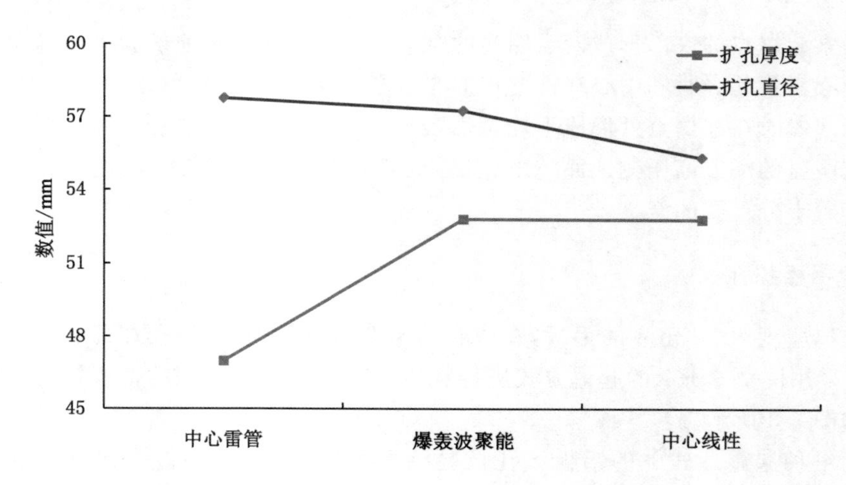

图 2-4 铝板扩孔试验结果对比

2.2　炸药爆炸性能试验研究

炸药爆炸时释放的爆轰波、高温高压气体产物及在目标体中的冲击波大小都是炸药性能的直接表现形式。不同的炸药具有不同的爆炸性能。同一种炸药在不同爆炸形式下的性能也不一定是一致的。国际上通常用炸药猛度和做功能力作为评价炸药性能的重要指标。我国针对这两项指标制定了相应的测试标准。为了检验爆轰波碰撞聚能对相同炸药的猛度、做功能力的影响，为以后的爆破工程设计提供数据支撑，本节依据国家标准测试方法对这两项指标进行对比分析。

2.2.1　炸药猛度对比试验与分析

炸药猛度是指炸药爆炸时对其接触介质的破坏能力，用爆轰产物作用于爆轰波传播垂直方向上的单位面积冲量（比冲量）来表示。国内外测定炸药猛度的方法主要有铅柱压缩法、铜柱压缩法、猛度弹道摆和平板炸坑试验。

采用铅柱压缩法进行炸药猛度对比试验。在试验中，并不是炸药爆炸的所有能量都作用在与爆轰波传播方向相垂直的目标物上，只有一部分作为有效药量使铅柱压缩，另外一部分则往侧向飞散。炸药爆炸后能量作用于目标物的有效比冲量 i 可用下式进行简单估算：

$$i = \frac{8}{27} m_e D \qquad (2\text{-}1)$$

式中　m_e——炸药有效装药量，kg；

D——炸药爆速，m/s。

对于标准铅柱压缩试验，要求药柱高度 h 小于 2.25 倍的装药直径。炸药有效装药量可采用如下公式求解：

$$m_e = \left(\frac{4h}{9} - \frac{8h^2}{81r} + \frac{16h^3}{2\,187r^2}\right)\rho \qquad (2\text{-}2)$$

式中　h——药柱高度，cm；

r——装药半径，cm；

ρ——装药密度，g/cm^3。

采用标准铅柱压缩法测得的炸药猛度值，与有效比冲量 i 存在如下线性关系：

$$J = i + c = a\rho + b\rho^2 + c \qquad (2\text{-}3)$$

式中 J——炸药猛度，mm；

a,b,c——与炸药品种和试验条件相关的系数；

ρ 含义同前。

由式(2-3)可知，在常规雷管起爆形式下，炸药猛度与装药密度有着密切的关系。

(1) 试验方法

根据炸药猛度标准铅柱测试方法，选取松装硝铵炸药、乳化炸药和粉状黑索金三种炸药。每种炸药又分中心雷管、中心线性和爆轰波聚能三种起爆形式。每种起爆形式进行不少于2组的平行试验。试验后，铅柱压缩值按下式计算：

$$\Delta h = h_0 - h_1 \tag{2-4}$$

式中 Δh——铅柱压缩值，mm；

h_0——铅柱压缩前高度，mm；

h_1——铅柱压缩后高度，mm。

制作药卷时，对于松装硝铵炸药和粉状黑索金炸药，称取(50±0.1) g炸药，将炸药倒入预制好的纸筒(直径40 mm)中，在炸药顶部放置中间和对称两边带孔的纸板，用来定位插入的雷管或导爆索，然后用模具压至相同的密度，制备后的松装硝铵炸药密度为0.72 g/cm³(爆速为2 500 m/s)，粉状黑索金密度为1.0 g/cm³(爆速为5 400 m/s)。对于乳化炸药，在纸筒中称取(50±0.1) g炸药，盖上纸板后，用手轻压至相同的密度，压制后的密度为1.24 g/cm³(爆速为4 200 m/s)。

药卷制作完成后，按照试验步骤，依次放置铅柱、钢片和药卷，使三者处于同一轴线上，并用细绳将其固定在平整的钢板上，进行爆破试验。炸药猛度测试试验如图2-5所示。

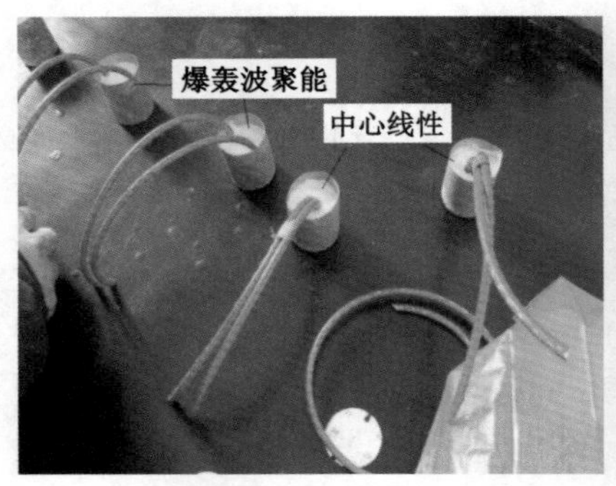

(a) 制作完成的药卷

(b) 装配好的铅柱、钢片和药卷

图2-5 炸药猛度测试试验

(2) 试验结果

炸药猛度测试试验结果如图 2-6 所示。

图 2-6　炸药猛度测试试验结果

由图 2-6 可以看出,高爆速的粉状黑索金猛度最高;其次是松装硝铵炸药;最后是乳化炸药。

试验后,取标记点高度的平均值作为铅柱的压缩高度。炸药猛度试验结果统计如表 2-1 所示。

表 2-1　炸药猛度试验结果统计

炸药	编号	起爆方式	爆前均值/mm	爆后均值/mm	铅柱压缩值/mm	铅柱压缩均值/mm
松装硝铵炸药	1(1)	中心雷管	59.70	47.39	12.31	12.08
	2(2)		59.60	47.76	11.84	
	3(5)	中心线性	60.10	48.60	11.51	10.70
	4(6)		59.83	49.94	9.89	
	5(3)	爆轰波聚能	60.03	49.16	10.87	11.46
	6(4)		59.75	47.70	12.05	
乳化炸药	7(9)	中心雷管	60.07	51.44	8.63	8.52
	8(10)		60.37	51.97	8.40	
	9(15)	中心线性	60.15	52.89	7.26	7.30
	10(16)		60.08	52.74	7.35	
	11(17)	爆轰波聚能	59.60	52.16	7.45	7.90
	12(18)		60.13	51.78	8.35	

表2-1(续)

炸药	编号	起爆方式	爆前均值/mm	爆后均值/mm	铅柱压缩值/mm	铅柱压缩均值/mm
粉状黑索金	13(13)	中心雷管	59.97	38.83	21.14	22.73
	14(14)		60.01	36.23	23.78	
	15(7)	中心线性	60.23	37.62	22.61	22.46
	16(8)		59.85	37.01	22.85	
	17(11)	爆轰波聚能	60.13	击穿	击穿	击穿
	18(12)		60.09			

注:编号“1(1)”中“(1)”,对应于图 2-6 中试验后铅柱上标号。

由表 2-1 可知,对于低爆速的松装硝铵炸药和乳化炸药,爆轰波聚能起爆的铅柱压缩值较中心雷管起爆的低 5.1%和 7.27%,较中心线性起爆的高 7.1%和 8.21%。爆轰波碰撞聚能爆破技术并没有使炸药猛度提高,反而使其有所降低,这主要原因可能是爆轰聚能起爆时,高爆速炸药爆轰后形成的高压气体空腔,加速了爆轰产物的释放,但爆轰波在中心位置的碰撞,使得释放的爆轰产物得到部分补偿。对于爆速和猛度较高的粉状黑索金,爆轰波聚能爆破技术没有出现低爆速炸药铅柱压缩值降低的现象,说明此时爆轰产物扩散和传播的速度相当,并未使爆轰能量大范围释放,但爆轰波碰撞形成的底部聚能作用却直接将铅柱击穿。由此,可简单认为爆轰波碰撞聚能时,高爆速起爆药条与主装药爆速间存在一定的比例关系,只有当起爆药条的爆速达到主装药爆速的某个倍数值后,才能达到爆轰波碰撞聚能效果。

2.2.2 炸药做功能力对比试验与分析

炸药爆炸时产生的冲击波和高温、高压爆炸产物作用于介质内部时,对外膨胀压缩周围介质,使介质发生破坏、飞散和抛掷的能力称为炸药的做功能力。一般来说,炸药的做功能力越大,其爆炸后对周围介质的破坏能力越强。因此,炸药做功能力大小与爆破设计炸药单耗选取有着密切的关系。受爆炸外界条件的影响,虽然炸药爆炸释放的总功基本不变,但其各部分的分配却差别很大。例如,在岩土工程爆破中,受节理、裂隙等地质构造的影响,很大一部分能量会通过地质构造流失。

根据热力学第一定律,炸药做功能力与爆热和做功效率的关系为:

$$A = Q_v \eta \tag{2-5}$$

式中 A——炸药的做功能力,kJ/g;

Q_v——炸药的爆热，kJ/g；

η——做功效率。

通过臼炮法测定的数据，得出炸药做功能力与臼炮能量的关系为：

$$A = 3.65 \times 10^{-4} Q_v V_g \tag{2-6}$$

式中　V_g——炸药气态爆炸产物量，g/cm³。

按照威力指数法，炸药做功能力可由下式计算：

$$A = (\gamma + 140)\% \tag{2-7}$$

$$\gamma = 100 \sum f_i x_i / n \tag{2-8}$$

式中　γ——威力指数；

f_i——特征基团出现的次数；

x_i——特征基团的个数；

n——炸药分子中的原子数。

目前，国内外关于炸药做功能力的测试方法主要有以下几种：铅壔法、弹道臼炮法、水下爆炸法、弹道摆、爆破漏斗、爆破抛掷法和金属薄板炸坑法等。其中，铅壔法作为一种传统的检测方法，由于不需要特殊的设备和简便的操作流程，已成为国际上公认的标准检测方法。

(1) 试验方法

根据炸药做功能力铅壔法试验标准，设计 4 组试验：① 采用中心雷管起爆，用于模拟正常爆破作业；② 采用爆轰波聚能起爆，验证爆轰波碰撞的聚能效果；③ 采用中心线性导爆索起爆，用于形成对比试验，观察中心连续起爆效果；④ 仅使用双导爆索爆破，用于修正导爆索的做功能力。

试验时，称取等质量(10 g)的粉状硝铵炸药 6 份，分别装入纸筒中。根据起爆形式在已装药的纸筒上方放置垫片，用模具将炸药密度压至相同的密度(1.0 g/cm³)。用胶棒将制备好的药卷送入铅壔孔底，在上方填充石英砂后起爆。炸药做功能力试验如图 2-7 所示。其中图 2-7(a)所示为制作的爆轰聚能药卷，图 2-7(b)所示为现场试验照片。

以水作为介质用量杯对试验后的铅壔孔体积进行测量，炸药做功能力按下式计算：

$$A = (V_2 - V_1)(1 + K) - X \tag{2-9}$$

式中　V_2——炸药爆炸后铅壔孔的体积，mL；

V_1——炸药爆炸前铅壔孔的体积，mL；

K——温度修正系数；

X——电雷管或导爆索的做功能力，mL。

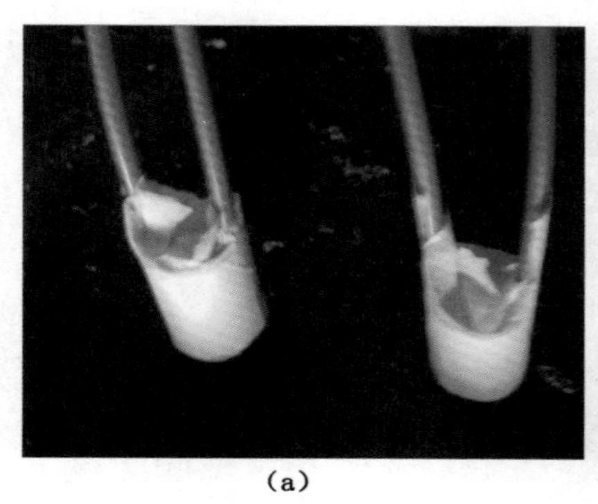
(a)

(b)

图 2-7　炸药做功能力试验

(2) 试验结果

根据 GB 12436 给出的温度修正系数表，现场测得铅墙温度为 −16 ℃，确定体积修正系数为 +12%，电雷管修正做功能力为 $X=24.64$ mL，仅双导爆索的做功能力由试验确定为 $X=11.75$ mL。中心线性起爆和爆轰聚能起爆均扣除双导爆索的做功能力。炸药做功能力试验结果如表 2-2 所示。

表 2-2　炸药做功能力试验结果

编号	1	2	3	4	5	6	7	8
起爆方式	中心雷管		爆轰波聚能		中心线性		仅双导爆索	
爆前体积/mL	60.00	60.00	63.00	64.50	63.00	63.00	65.00	65.00
爆后体积/mL	279.00	296.00	316.00	297.00	300.00	315.00	75.00	76.00
起爆器具修正	−24.64	−24.64	−11.72	−11.72	−11.72	−11.72	0.00	0.00
做功能力/mL	229.25		259.19		261.14		11.72	
较雷管增长比/%			13.06		13.91			
爆前铅墙孔深/mm	125.00	125.00	125.00	125.00	125.00	125.00	125.00	125.00
爆后铅墙孔深/mm	135.00	135.00	144.00	142.00	142.00	139.00	126.00	126.00
铅墙孔深差值/mm	10.00	10.00	19.00	17.00	17.00	14.00	1.00	1.00
较雷管增长比/%			80		55			

由表 2-2 可知，粉状硝铵在中心雷管起爆下的做功能力值为 229.25 mL，在爆轰波聚能起爆形式下的做功能力与中心线性导爆索起爆形式下的差不多，比粉状硝铵炸药的做功能力增加 13.06%，说明应用高爆速炸药起爆低爆速的主装药能够达到提高炸药能量利用率的目的，但增加的做功能力不足以对工程爆破

中的参数设计产生过大影响，这为之后的爆破工业试验安全提供了依据。对爆破后的三组铅墙孔深度变化进行测量，得出：爆轰波聚能起爆后铅墙孔深增加 18 mm，较中心线性导爆索起爆后的增加 16.13%，较中心雷管起爆后的增加 80%，这说明爆轰波聚能起爆形式在铅墙孔底部产生了较大的穿透作用。

2.3　爆轰波聚能爆破裂纹扩展试验研究

2.3.1　相似理论与爆破模型

工程爆破主要涉及物理和力学相似条件。物理和力学相似包括几何相似、动力学相似、运动学相似及边界和初始状态相似。其中，动力学和运动学相似又称为现象相似。一般来讲，若物态间存在有不少于两个现象相似，则这两组物态的无量纲形式方程组，单值条件及无量纲形式解基本相同。基于相似理论，先后形成三种相似定理。

① 相似第一定理。彼此相似的物理现象，两现象各物理量分别组成的相似准则数值相等，且物理方程式完全相同。

② 相似第二定理（π 定理）。该定理是量纲分析的核心。对于一类物理现象，如果有 n 个物理量，其中 m 个基本物理量，那么一定形成 $n-m$ 个无量纲变量（包括 1 个无量纲因变量和 $n-m-1$ 个无量纲自变量），它们之间形成确定的函数关系：

$$f(\pi_1, \pi_2, \pi_3, \cdots \pi_{n-m}) = 0 \tag{2-10}$$

③ 相似第三定理。对于同一类物理现象，即有相同状态指标描述的物理现象，如果描述该现象的单值条件及其物理量的相似准则在数值上均相等，那么这些现象必定相似。

在工程爆破中，为降低试验费用、缩短试验周期和避免一些不必要的损失等，可按照一定的几何、物理关系，用小规格的模型代替工程爆破原型。为使这些小模型能够真实反映岩体在自然状态下的爆破情况，根据相似第三定理，必须保证由单值条件下物理量所组成的无量纲量（相似准则）在数值上相等，模型和原型的有关参数满足相似条件。

2.3.2　分水岭图像处理技术在块度分析中应用

岩体受自然形成条件的影响，其内部往往包含节理、裂隙和断层等软弱结构面，这造成岩体构造为非均匀的不连续性介质（严重影响着炸药能量利用率及块度分布)。通常认为工程爆破是在岩体原有结构面的基础上对其进行的二次破坏。岩石爆堆块度的尺寸直接决定二次破碎和铲装成本。因此,岩石块度的分布状态就成为评价爆破效果优劣的重要指标之一。传统的岩石爆堆块度统计方法主要采用人工测量法;该方法工作量大,效率低,易受场地条件的影响,而且统计结果不够准确。数码摄影及图像处理技术的发展,为岩石爆堆块度分析提供一种新型的统计方法——分水岭图像分割技术。该技术具有操作简单、数据可靠、运算速度快等优点,为岩石爆破裂纹扩展、爆堆块度分布分析和爆破参数优化设计提供一种新的方法。

分水岭图像处理技术处理流程如图 2-8 所示。在岩石块度分布模型的基础上,对采集的岩石爆破裂纹扩展图像及爆堆进行分析,通过阈值运算和连通性标注去除岩块边界的提取误差,应用尺寸统计得出各级块度所占的比例。

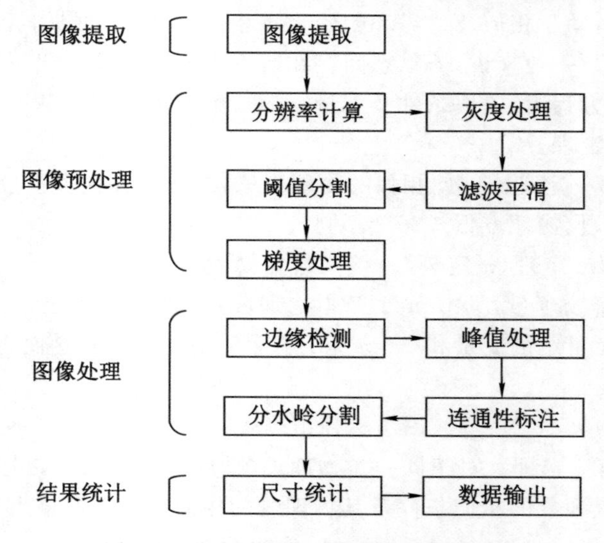

图 2-8　分水岭图像处理技术处理流程

(1) 爆堆块度分布模型

爆堆块度的分布理论有很多。目前在工程爆破界应用最多的是拉姆勒分布和盖茨分布函数。

拉姆勒分布函数为:

$$y=1-\exp\left[-\left(\frac{x}{x_0}\right)^{a}\right] \tag{2-11}$$

式中　y——岩块尺寸小于 x 的体积比例,%;

　　x——岩块尺寸,mm;

x_0——岩石块度分布特征值，mm；

a——与特征分布相关的参数。

盖茨分布函数为：

$$y=\left(\frac{x}{x_{\mathrm{m}}}\right)^{3-F} \tag{2-12}$$

式中　x_{m}——岩石块度分布特征值，亦可为最大岩块尺寸，mm；

F——分形维数。

通过爆堆块度分布模型，可以快速求解出分形维数与爆堆块度累计相对量的关系。分形维数 D 与岩石自身性质和围岩介质情况有关，可通过岩石力学相关内容获得。岩石块度分布特征值 x_{m} 可通过筛分法得到的筛下岩石大块通过率进行精确求解。

上述两种分布特征均能表征爆堆块度分布。

（2）爆堆块度参数

目前，表征爆堆块度参数，主要有投影面积法和网格筛分法。

（a）投影面积法是用爆堆在平面上的投影面积来表征块度大小的。通过数码摄像技术取得爆堆在平面上的分布状态，通过图片等效处理来获取各岩块的投影面积，进而对爆堆块度分布情况进行预测。

（b）网格筛分法是通过多年的爆堆块度统计分布总结得出的一种较为合理的统计方法。该方法指出不能单一地将最大或最小线性尺寸作为岩块的筛网尺寸，而应选用更加接近实际的最大和最小椭圆半径函数计算最大和最小尺寸。采用该方法得出的爆堆块度最大半径 a、最小半径 b 和最后筛网尺寸 d 分别为：

$$a=\frac{\dfrac{p_{块}}{\pi}+\sqrt{\left(\dfrac{p_{块}}{\pi}\right)^{2}-\dfrac{4S}{\pi}}}{2} \tag{2-13}$$

$$b=\frac{\dfrac{p_{块}}{\pi}-\sqrt{\left(\dfrac{p_{块}}{\pi}\right)^{2}-\dfrac{4S}{\pi}}}{2} \tag{2-14}$$

$$d=1.16\sqrt{1.13ab} \tag{2-15}$$

式中　$p_{块}$——块度周长；

S——块度投影面积。

（3）爆堆图像处理

① 图像提取。

只有将现实的三维爆堆图像转换为二维或三维的数字图像才能被计算机处理。随着数码相机、扫描仪和摄影机等的发展，数字图像提取技术越来越成熟。

爆堆原始图像处理主要采用数码相机技术。大量试验数据表明，在自然光条件下拍摄的爆堆原始图像普遍存在如下特征：(a) 岩块自身色泽存在差异，岩块边界与岩块间等均存在不可用数值进行描述的灰度对比关系；(b) 同一岩块边界各像素灰度存在差异；(c) 不同边界灰度往往存在很大的差异；(d) 一般情况下，岩块内部灰度具有非均匀性，且常高于边界像素灰度；(e) 受自然光线影响，背侧光源部分表现为阴影，其灰度值略低于迎光部分灰度值；(f) 偏离光源部分的岩块间凹陷处灰度值将变得很小。在对爆堆进行拍照时，拍照距离和角度成为影响爆堆块度分析正确性的主要参数。倾斜拍照时，往往产生比例偏差和遮挡偏差；垂直拍照时，由于相机最佳投影面与岩石表面向重合，图像各个部分的比例尺寸不会发生较大的变化，能够真实地反映岩石表面的块度特征。

爆堆图像采集如图 2-9 所示。

图 2-9　爆堆图像采集

② 灰度处理。

灰度处理主要目的是增强图像的对比度。目前，爆堆对比度增强的方法主要包括直方图均衡化、线性变换和非线性变换等。线性变换、非线性变换是一种图像空间域的方法。直方图均衡化是将采集得到的爆堆图像转化为均匀分布的形式，增加岩块像素灰度值的动态变化范围，从而达到增强图像对比度的效果。直方图均衡化灰度处理后爆堆图像如图 2-10 所示。

一般来说，只要选择的分布函数适宜就会获得比线性（非线性）变换更好的增强效果。锯齿波变换、两端裁剪、三段线性等也可以用于图像对比度增强，但这些方法更多用于粒度均匀的图像处理。

图 2-10　直方图均衡化灰度处理后爆堆图像

③ 边缘检测和梯度处理。

为了能够实现区域边缘点灰度级从低到高的排序，实现从低到高的浸水淹没过程，通常先应用索贝尔算子获得灰度图像的梯度处理。索贝尔算子是一种用来运算图像亮度函数梯度的离散型差分算子。该方法能够较好进行爆堆图像边缘检测，对图像处理噪点又有很好的平滑作用。

通常，图像处理是用一个 $M \times N$ 的二维数字阵列将图像看作二维离散函数：

$$[f(x,y)] = \begin{bmatrix} f(0,0) & f(0,1) & \cdots & f(0,N-1) \\ f(1,0) & f(1,1) & \cdots & f(1,N-1) \\ \vdots & \vdots & & \vdots \\ f(M-1,0) & f(M-1,1) & \cdots & f(M-1,N-1) \end{bmatrix} \tag{2-16}$$

对上述二维离散函数求导即可得到爆堆图像梯度为：

$$\begin{cases} G(x,y) = \mathrm{d}x_i + \mathrm{d}y_i \\ \mathrm{d}x(i,j) = f(i+1,j) - f(i,j) \\ \mathrm{d}y(i,j) = f(i,j+1) - f(i,j) \end{cases} \tag{2-17}$$

式中　$f(i,j)$——图像像素的值；

(i,j)——像素的坐标。

图像在某像素点处的梯度反映其在该点处的像素值变化情况，相应的梯度值反映岩石块度边缘的差异。

④ 阈值分割。

为了降低分水岭分割时图像梯度差异性较小导致的过度分割，通常要先对图像梯度函数进行修正。阈值分割是通过选择合适的灰度阀值，利用目标物体和背景在灰度上的差异，达到避免图像过度分割的目的。

采用直方图门限法进行图像分割。对于爆堆图像，受天然岩石性质和图像提取方式的影响，在图像处理中，岩石像素与背景边界区域间有着较大的梯度差值。在梯度修正时，将梯度值小的像素权值加大，将梯度值大的像素权值减小，这样就会使得灰度直方图峰值和谷底之间的差值更加明显，达到较好的分割爆堆块度的目的。

通过设置合理的灰度级门限，可以将直方图划分为两部分：一部分对应背景，另一部分对应爆堆本身，从而形成满足如下条件的二值化图像。

$$f(x,y)=\begin{cases}MAX & f(x,y)>TH\\0 & f(x,y)\leqslant TH\end{cases} \tag{2-18}$$

式中　TH——灰度阈值门限；

　　MAX——最大的灰度级值。

⑤ 连通性标注。

爆堆图像进行图像梯度处理后，由于图像中岩石是连接在一起的，直接进行爆堆图像分水岭分割，产生的效果并不是很好。为了取得较好的分割效果，在进行爆堆图像分水岭分割前，应先对前景和背景对象进行标注区分。连通性标注通常要对梯度处理后的图像执行二次扫描。第一次扫描是全覆盖扫描，对属于同一连通区域的像素赋值，并给出相同的连通标号，这种全区域的扫描往往会产生位域标号的重合。第二次扫描是为了消除重复性标号的去燥扫描，将具有不同标号但属于同一连通区的子位域进行合并。标注时选择 0 像素为背景像素，1 像素为增加后的对象，依此类推，为分割后的每个对象赋予不同的像素值，为岩块大小的计算和统计提供必要条件。

⑥ 分水岭分割。

分水岭分割算法是一种基于拓扑理论的分割方法，其本质是根据爆堆图像区域像素值的大小对图像进行分割。该方法是一个迭代标注的计算过程，其比较经典的计算方法是文森特和索爱黎提出的浸没算法。将分水岭计算过程分解为排序和分解过程等以下步骤。

(a) 对每个岩块像素的灰度级进行排序。利用梯度算子计算图像各个位域的梯度值，统计各位域的概率分布密度，计算位域的排序位置，并按照梯度值升序排列。

(b) 将具有相同梯度值的位域合并为同一梯度级。

(c) 把队列排序完成后，进行分解淹没过程。

由于爆堆所在区域岩石特性相差不大，在进行图像处理时，往往产生对比度较低(灰度差太小)的情况。此时，如果采用分水岭分割算法就可能会丢失一些重要的分割线，将灰度相差不大的位域归为同一浸没层，致使最终误差过大。通过构造聚类函数对分割后的图像进行区域合并，计算分水岭分割后的各位域的灰度平均值，将各灰度均值再进行聚类，可有效避免浸没误差。其具体步骤为：

(a) 以图像梯度作为输入端，对分割后的灰度差太小的每个位域进行编号。

(b) 计算各位域的平均灰度值并输入至空间样本集。

(c) 构造模糊聚类函数，求取函数最大值。利用模糊关系进行区域合并，得到最优化的输出结果。

分水岭分割处理后爆堆图像如图 2-11 所示。

图 2-11　分水岭分割处理后爆堆图像

2.3.3　岩石爆破裂纹提取试验槽

在爆破过程中，炮孔是被岩石三维包覆的。为了较好模拟这种包覆作用，又能方便直观显现岩石爆破裂纹扩展情况，设计一种可快速提取岩石爆破破碎裂纹的二维试验槽。该装置底部铺设一块面积较大的钢板。在钢板上方采用焊接的方式拼装一定高度的试验槽。为缓解试验时底板对岩石的破坏作用，在板状岩石试件上下各铺一层缓冲垫，试验槽上方再加盖一定厚度的钢板，以两层厚钢板将板状岩石在爆破时的变形和破坏情况限制在二维平面内，以更好地模拟实际炮孔中的平面应变状态。在爆破过程中，爆轰波首先沿着较弱自由面方向传播。为了防止较多的爆破能泄漏，在试验槽上方加盖与底板相同大小的盖板，且在两板之间钻凿一定尺寸的螺栓孔，通过螺栓使其成为一个整体。试验装置结构如图 2-12 所示。

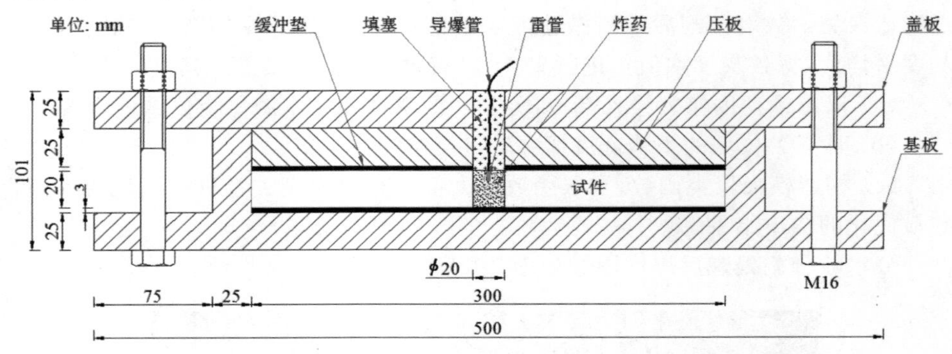

图 2-12　试验装置结构

试验时，按照钢板槽、缓冲垫、板状试件、缓冲垫、缓冲板和盖板的顺序依次装配。装配完成后，根据试验设计装填炸药和填塞细沙。如图 2-13 所示，分别选取中心雷管起爆（常规爆破）、爆轰波聚能起爆（爆轰波碰撞聚能爆破）和空穴聚能起爆（聚能装药爆破）三种形式进行试验。选取铵油炸药作为主装药，导爆管雷管或导爆索作为起爆材料。每组装药量为 5 g，装药密度为 0.9 g/cm^3。装药完成后用细沙对炮孔进行填充。

图 2-13　不同起爆形式

2.3.4　有机玻璃裂纹扩展试验

有机玻璃是由甲基丙烯酸甲酯聚合而成的高分子化合物。由于有机玻璃具有较高的拉伸强度、弯曲强度和抗冲击强度，且有着良好的透明性和透光性，因此有机玻璃常被用作爆破裂纹扩展的研究材料。选用有机玻璃进行试验。采用图 2-13 所示的起爆形式和装药结构进行有机玻璃裂纹扩展试验，得到图 2-14 所示的有机玻璃爆破裂纹扩展图。

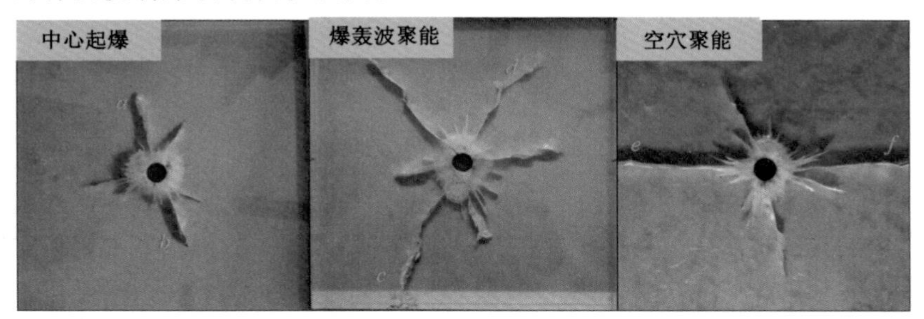

图 2-14　有机玻璃爆破裂纹扩展图

由图 2-14 可以看出，三种起爆形式下破碎区面积相当。采用中心雷管起爆时，破碎区外岩石径向裂纹呈发散状往四周传播，最大裂纹（ab）长度为 16.72 cm，没有出现较大宽度的裂纹。采用爆轰波聚能起爆时，炮孔周围出现一个不规则的破碎区，在聚能方向上出现一条长度为 27.61 cm 的裂缝（cd）；采用空穴聚能起爆时，径向裂纹从炮孔中心往四周发散，在空穴聚能的方向上形成一条较宽（3 mm）裂纹（ef），且该裂纹（长度＞30 cm）直接将有机玻璃板切割为两半。

试验结果表明：爆轰波聚能爆破和空穴聚能爆破均能改变炸药能量的分布，只是爆轰波聚能爆破的聚能效果略差于空穴聚能爆破的聚能效果，但比中心雷管爆破产生更强的破坏作用。

2.3.5　岩石爆破裂纹扩展试验

在中心雷管起爆、爆轰波聚能起爆和空穴聚能起爆三种起爆形式下，进行岩石爆破裂纹扩展试验。试验中采用 20 mm 厚的花岗岩石板。炮孔直径为 20 mm，其他爆破参数相同。爆破后取掉上覆盖板，应用显像液提取裂纹，得到爆破后岩石破碎状态如图 2-15 所示。

① 在中心雷管起爆形式下，破碎圈（显像液较深的部位）比在另外两种起爆方式下的要大，破碎圈面积约为 63.6 cm^2；破碎区外岩石径向裂纹呈发散状往四周传播，切向裂纹分布较均匀，且以逐排的形式往外扩展，没有出现较大的裂纹。② 在空穴聚能起爆形式下，在空穴聚能的方向上形成两条较宽裂纹，说明空穴聚能起爆可以起到改变炸药能量分布的作用；径向裂纹从炮孔中心往四周发散，但切向裂纹并没有表现出中心雷管起爆形式下的均匀性和一致性。③ 在爆轰波聚能起爆形式下，炮孔周围附近出现面积约 38.5 cm^2 的破碎区，其中有约 19.6 cm^2

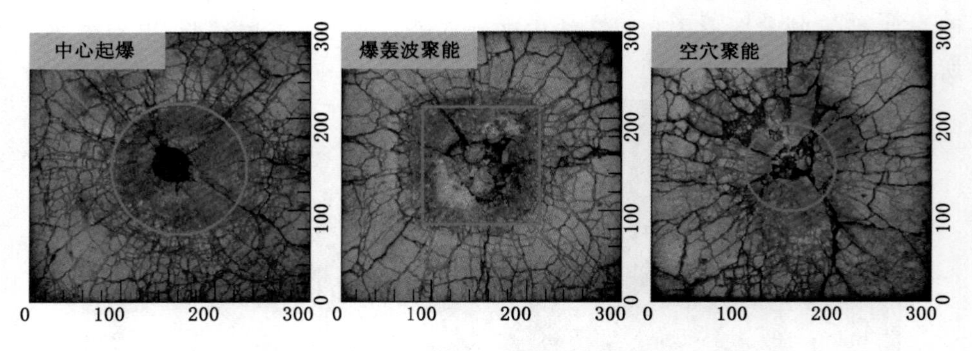

图 2-15　爆破后岩石破碎状态

的严重破碎区；在聚能方向上出现宽度为 6 mm 的裂缝，径向裂纹和切向裂纹的均匀性处于中间状态，说明爆轰波聚能起爆可以改变炮孔内的压力分布。虽然爆轰波聚能起爆聚能效果略差于空穴聚能起爆的，但是没有空穴聚能起爆制作工艺的繁琐。因此若将爆轰波聚能起爆进一步应用于工程爆破中，则会达到降低岩石块度，提高施工效率的目的。

2.3.6　试验结果分析

在三种不同起爆形式下裂缝宽度分布比例如图 2-16 所示。由图 2-16 中可以看出，在三种不同起爆形式下裂缝宽度主要为 4 mm 左右，占到了整个裂缝数量的 45%以上。中心雷管起爆下，裂缝分布相对比较均匀，裂缝最大宽度为 5 mm；空穴聚能起爆下，裂缝宽度最大值达到 7 mm，50%以上的裂缝宽度为 4 mm左右；爆轰波聚能起爆下，裂缝宽度最大值为 6 mm，约 50%的主要裂缝宽度为4 mm左右。

岩石破碎后块度尺寸统计结果如图 2-17 所示。由图 2-17 可以看出，在三种不同起爆形式下，98%的岩石块度小于 10 cm^2。在中心雷管起爆形式下，爆破后破碎岩块数量为 16 349 块，破碎岩块面积分布相对比较均匀，最大破碎岩块表面积为 22 cm^2。在爆轰波聚能起爆形式下，爆破后取得的破碎岩块数量比在空穴聚能起爆形式下的少 164 块，但最大岩块面积为 37.09 cm^2，比在空穴聚能起爆形式下的大 2.33 cm^2。在爆轰波聚能起爆和空穴聚能起爆等两种起爆形式下，出现较大尺寸的岩块和较大宽度的裂缝，这说明两种起爆形式均能改变炸药能量的分布。

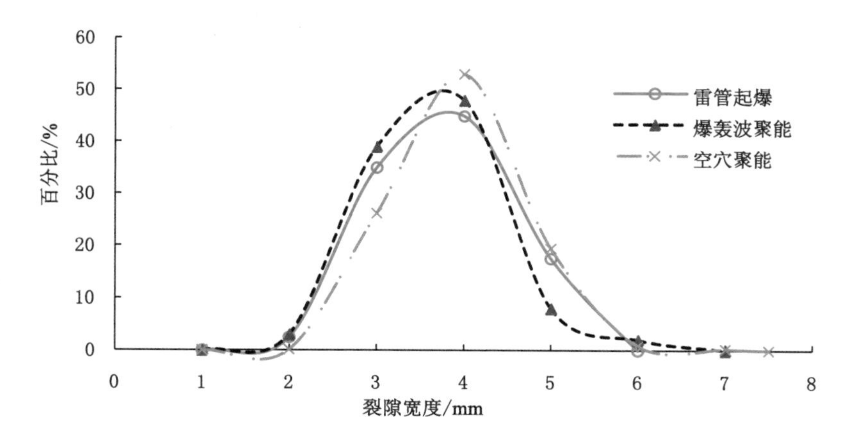

图 2-16　三种不同起爆形式下裂缝宽度分布比例

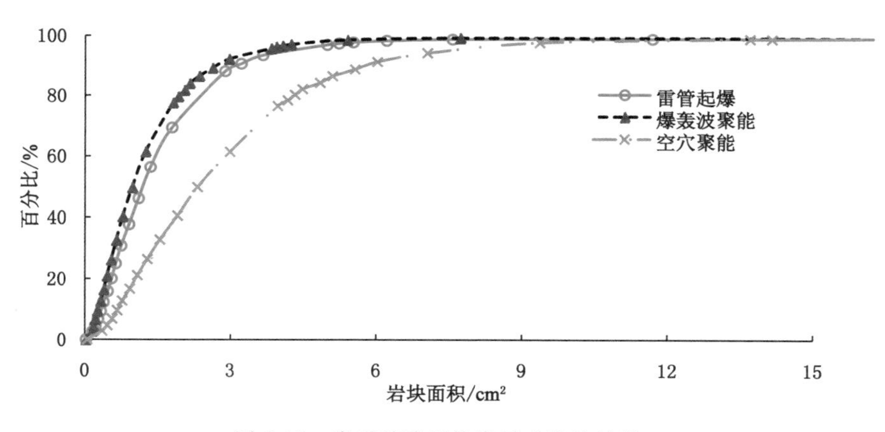

图 2-17　岩石破碎后块度尺寸统计结果

2.4　本 章 小 结

主要应用刻蚀与扩孔显像试验、标准炸药爆炸猛度和做功能力试验以及自制的岩石爆破裂纹提取试验槽对爆轰波碰撞聚能进行基础爆破试验研究。本章得出如下主要结论。

① 通过刻蚀与扩孔显像试验观察到爆轰波碰撞聚能在目标体上形成不规则的刻蚀面，这直观说明爆轰聚能可在炮孔壁面上形成不均匀的压力区。

② 设计中心雷管、爆轰波聚能和中心线性三种起爆形式，研究不同起爆形式对松装硝铵炸药、乳化炸药和粉状黑索金三种炸药猛度性能的影响。试验结果表明：采用爆轰波聚能起爆时，低爆速的松装硝铵炸药和乳化炸药猛度值较采用中心线性起爆时的下降 5.1％和 7.27％；采用爆轰聚能起爆时，高爆速的粉状黑索金则直接切穿钢板将铅柱击穿，这说明这种起爆方式在药柱底端具有较强的聚能作用。

③ 采用中心雷管、爆轰波聚能和中心线性三种起爆形式，研究不同起爆形式对粉状硝铵炸药做功能力的影响。试验结果表明：爆轰波碰撞聚能可以使炸药做功能力略有提高，在局部聚能方向上具有较强的破坏作用。

④ 基于相似理论设计可方便快捷提取岩石爆破裂纹的试验槽，应用分水岭图像分割技术对中心雷管、爆轰波聚能和空穴聚能三种起爆形式下的岩石爆破裂纹图像进行分析。试验结果表明：爆轰波碰撞能够在炮孔壁面上形成大的裂纹，改变岩石破碎断裂状态。

第3章 爆轰波碰撞聚能理论分析

3.1 爆轰波基础理论研究

爆轰不仅是一个流体动力学过程，还包含复杂的化学反应。爆轰是爆轰波沿爆炸物一层一层逐渐传播的过程，同时伴有声、热、光等效应。爆轰波是带有化学反应区的强冲击波。爆轰波的波头部分是无化学反应的冲击波；该冲击波致使爆炸物发生强烈的化学反应，形成高温、高压的爆轰产物并释放大量的热能；这些热能又反过来支撑着爆炸物的冲击压缩，如此反复，直至爆炸物燃烧完毕。在不考虑爆轰的化学动力过程，仅从流体动力学的角度出发，查普曼(Chapman)和儒盖(Jouguet)将爆轰波看作是一种伴随有化学反应区的突跃间断面；在质量、动量和能量守恒定理基础上，提出了关于爆轰波的一维流体动力学理论(简称C-J理论)。该理论不仅能够定性解释爆轰波传播的物理现象，而且在利用热力学函数对气相爆轰波进行预报时，其精度值可以达到1%～2%的量级。该理论建立的计算爆轰波参数的完整公式，至今仍在爆炸力学中广泛应用。

20世纪40年代，泽尔多维奇(Zeldovich)、冯纽曼(Von Noemann)和道尔令(Doering)分别提出了自己的处理模型，改进了C-J理论，他们的处理模型被称为Z-N-D模型。该模型基于无黏性的欧拉(Euler)流体动力学方程，忽略输运效应和能量耗散过程，仅考虑化学反应区。假定：流动是一维的，把爆轰波看作是无化学反应的间断面；化学反应是由爆轰波引起的，而后以有限速率进行。如图3-1所示，反应区②以单一的速率向前进行，一直到反应完成。前沿爆轰波阵面NN'过后，爆炸物受到强烈冲击压缩作用，具备化学反应压力但尚未发生化学反应；反应区末端面MM'反应完成并释放爆轰产物，该截面称为C-J面。这样，前沿波阵面与紧随其后的化学反应区间就会构成一个以爆速D传播的完整爆轰波阵面，将爆轰与爆炸产物隔开。

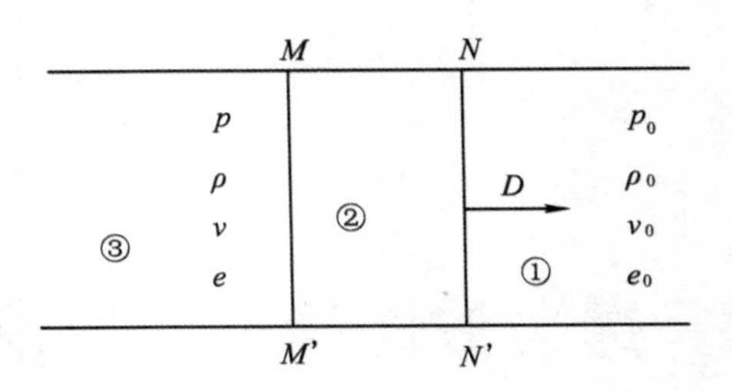

图 3-1　爆轰波传播模型

爆轰波的形成和传播是一个复杂的力学、物理和化学变化过程。为了认识爆轰现象的本质，揭示稳定爆轰的传播特性，探求爆轰参数的计算方法和表述形式，提高爆炸物的爆轰性能，学者们进行了大量的试验、模拟计算和理论研究。C-J 理论和 Z-N-D 模型都是在一维定常流动下做出的，并不能完全反应爆轰的真实情况。坎贝尔和伍德黑德发现爆轰的螺旋现象表明爆轰波传播存在三维体系中。新现象的发现推动着爆轰波研究的发展。对于炸药这一类稳定爆轰问题，C-J 理论和 Z-N-D 模型都有着足够的计算精度，所以在炸药爆轰问题研究中仍被大量使用。

3.1.1　爆轰波守恒方程

爆轰波传播前后的部分物理量如图 3-1 所示。p_0、ρ_0、u_0 和 e_0 分别为炸药的初始压强、密度、速度和比内能；p_H、ρ_H、u_H 和 e_H 分别为爆轰产物的压强、密度、速度和比内能；D 为爆轰波的传播速度。

若将坐标系选在冲击波阵面上，则单位时间内从波阵面右侧流入的质量为 $\rho_0(D-u_0)$，从左侧流出的质量为 $\rho(D-u)$，由于 u_0 为炸药初始状态的速度，故 $u_0=0$。由质量守恒可知，流入与流出波阵面的质量相等，即：

$$m=\rho_0 D=\rho_H(D-u_H) \tag{3-1}$$

单位时间内冲击波的动量变化为 $m(u-u_0)$，其冲量变化为 $p-p_0$。根据动量守恒定律可得：

$$\rho_0 D^2-\rho_H(D-u_H)^2=p_H-p_0 \tag{3-2}$$

单位时间内从波阵面右侧流入的能量包含介质具有的内能 me_0、介质的动能 $mD^2/2$、介质压力所做的功 $p_0 D$ 和单位质量炸药反应所释放的热量 Q。同理，左侧流出的能量为 $me+m(D-u)^2/2+p(D-u)$。由能量守恒定律可知：

$$\rho_0 De_0+\frac{1}{2}\rho_0 D^3+p_0 D+\rho_0 DQ=\rho_H(D-u_H)e+\frac{1}{2}\rho_H(D-u_H)^3+p_H(D-u_H) \tag{3-3}$$

由于爆轰波速度很高，故可将其传播过程近似为绝热过程。因此，式(3-3)中的热量变化可以忽略不计。联立式(3-1)和式(3-2)可得：

$$D=\frac{1}{\rho_0}\sqrt{\frac{p_H-p_0}{\frac{1}{\rho_0}-\frac{1}{\rho_H}}} \tag{3-4}$$

$$u_H=\left(\frac{1}{\rho_0}-\frac{1}{\rho_H}\right)\sqrt{\frac{p_H-p_0}{\frac{1}{\rho_0}-\frac{1}{\rho_H}}} \tag{3-5}$$

令炸药爆炸前的比容 $1/\rho_0$ 和爆轰产物的比容 $1/\rho_H$ 分别标记为 v_0 和 v_H，则式(3-5)可表示为：

$$p_H-p_0=\left(\frac{D}{v_0}\right)^2(v_0-v_H) \tag{3-6}$$

$$u_H=(v_0-v)\sqrt{\frac{p_H-p_0}{v_0-v_H}} \tag{3-7}$$

式(3-6)可以看作是一条在(p,v)平面上通过点(p_0,v_0)且斜率为$-(D/v_0)^2$的直线，称为瑞利线。

结合式(3-1)、式(3-3)至式(3-5)，由能量守恒方程可知：

$$e-e_0=\frac{1}{2}(p_H+p_0)(v_0-v_H) \tag{3-8}$$

式(3-8)为雨果尼奥方程，可以看作是一条在(p,v)平面上通过点(p_0,v_0)的曲线，称为雨果尼奥曲线，如图 3-2 所示。

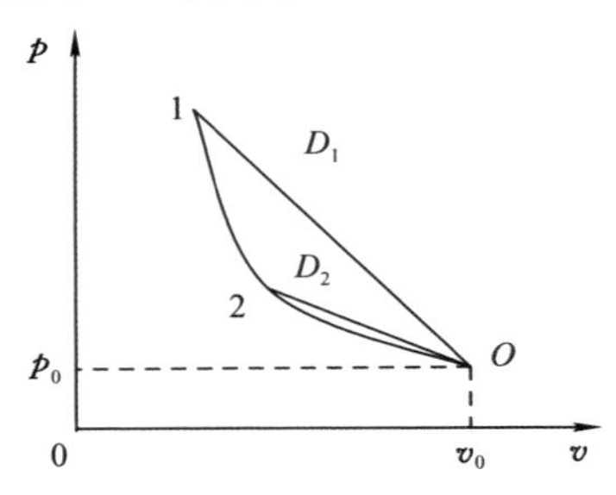

图 3-2　爆轰波的雨果尼奥线

从图 3-2 所示的爆轰波的雨果尼奥线中可以直观看出：交点 1 和 2 分别是斜率为$-(D_1/v_0)^2$和$-(D_2/v_0)^2$的瑞利线与雨果尼奥曲线的交点。以此类推，当爆轰波速度发生变化时，爆轰波的瑞利线与雨果尼奥曲线的交点也会发生变化。雨果尼奥曲线是与瑞利线为同一初始状态点，以不同的传播速度冲击后面介质的状态点的连线。

3.1.2 稳定爆轰 C-J 条件

炸药爆炸过程是爆轰波沿炸药内部的传播过程。爆轰波传播速度很快趋向于爆炸物所具有的特定值(即理想特性爆速)。依据 C-J 理论,爆轰化学反应是在无限薄的爆轰波阵面上瞬间完成并放出化学反应热的,可以不考虑热传导、热辐射等耗散效应,仅需考虑反应终了时的反应热 Q_V。

依据 C-J 理论,爆轰波在波阵面上仍满足质量、动量和能量守恒,即满足:

$$\left.\begin{aligned}&\rho_0 D=\rho_H(D-u_H)\\&\rho_0 D^2-\rho_H(D-u_H)^2=p_H-p_0\\&\frac{1}{2}(p_H+p_0)(v_0-v_H)+Q_v=e-e_0\end{aligned}\right\}\tag{3-9}$$

对于爆轰波而言,爆轰波传播前、后的气体可近似看作是理想气体,则其内能表达式为:

$$e=c_V T=\frac{RT}{k-1}=\frac{p_H v_H}{k-1}\tag{3-10}$$

式中 c_V——定容比热容;

k——气体的绝热指数。

式(3-9)中的第三式可以变换为:

$$\frac{1}{2}(p_H+p_0)(v_0-v_H)+Q_V=\frac{p_H v_H}{k-1}-\frac{p_0 v_0}{k-1}\tag{3-11}$$

当等容爆轰 $v_H=v_0$ 时,有:

$$p_H=p_0+(k-1)\frac{Q_V}{u_0}\tag{3-12}$$

如图 3-3 所示,在(p, u)平面上绘制爆轰波的雨果尼奥曲线和瑞利线。过初态点(p_0, v_0)做曲线 2 的纵横坐标点,并分别交于点 C 和 D。同时,过该点做曲线 2 的两条切线,切点分别为 B 和 E。这样曲线 2 就被分为了五段。

对于 C 点以上部分,满足 $p>p_0$,$v<v_0$ 的条件,根据式(3-4)和式(3-7)知,此段波后质点速度与波的传播方向一致,称为爆轰段。其中,在 B 点以上的 BA 段各点对应的($p-p_0$)值要比 B 点以下的 BC 段各点对应的大得多。因此,BA 段称为强爆轰段,BC 段称为弱爆轰段。

对于 CD 段,满足 $p>p_0$,$v>v_0$ 的条件,根据式(3-7)知,此段爆速为虚数,在物理意义上没有实际意义。

对于 D 点以下部分,满足 $p<p_0$,$v>v_0$ 的条件,根据式(3-4)和式(3-7)知,此段波后质点速度与波的传播方向相反,称为燃烧段。其中在 E 点以下的

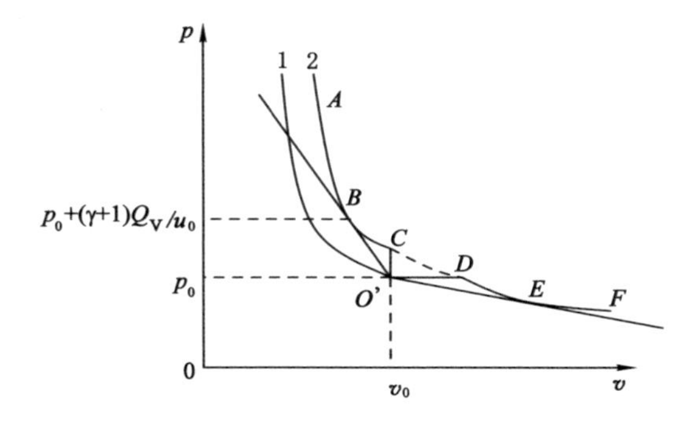

图 3-3　爆轰波的雨果尼奥曲线和瑞利线

EF 段各点对应的($p-p_0$)值要比 E 点以上的 ED 段各点对应的大得多。因此,ED 段称为弱燃烧段,EF 段称为强燃烧段。

3.1.3　凝聚炸药爆轰参数

凝聚炸药是指军事或工业中应用的固体或液体炸药。与气相爆炸物相比,该类炸药通常具有密度大、爆速大、爆压大和爆炸威力较大的特点。凝聚炸药和气相爆炸一样仍满足质量、动量和能量守恒定律,满足爆轰波稳定传播的 C-J 条件。但由于凝聚炸药爆轰产物的密度一般大于 2.0 g/cm^3,且爆炸后形成高温、高压的物理状态,使得理想气体的状态方程已经不再适合描述其形态,而必须采用更加适用于爆轰产物参数关系的状态方程。

兰道-斯达纽科维奇给出的描述爆轰产物参数关系的状态方程为:

$$p_H = Av_H^{-k} + f(v_H)T \tag{3-13}$$

对于工业炸药,忽略其爆轰产物中分子热运动所表现的压强 $f(v_H)T$ 的影响,仅考虑分子间的排斥作用。因此,式(3-13)可简写为:

$$p_H = Av_H^{-k} \tag{3-14}$$

式中,k 值应根据爆轰产物的组成确定,可近似按下述表达式确定:

$$\frac{1}{k} = \sum \frac{x_i}{k_i} \tag{3-15}$$

式中　x_i——爆轰产物第 i 成分的摩尔分数;

　　γ_i——爆轰产物第 i 成分的局部等熵指数。

由于气体爆轰参数精确计算过程是相当复杂和繁琐的,为便于估计凝聚炸药爆轰产物的参数状态,根据近似状态方程,可认为 k 与爆轰产物的温度和压强无关,并假定凝聚炸药混合物本身的压力 p_0 与 C-J 压力 p_H 相比可以忽略。这样,爆轰波的雨果尼奥方程便可简化为:

$$\frac{p_{\mathrm{H}}v_{\mathrm{H}}}{k-1}=\frac{1}{2}p_{\mathrm{H}}(v_0-v_{\mathrm{H}})+Q_{\mathrm{V}} \tag{3-16}$$

C-J 条件可以表示为：

$$-\left(\frac{\partial p}{\partial v}\right)_{\mathrm{S}}=\frac{p_0}{v_0-v_{\mathrm{H}}} \tag{3-17}$$

将简化式对 v 求导得：

$$\left(\frac{\partial p}{\partial v}\right)_{\mathrm{S}}=kAv^{-(k+1)}=-k\,\frac{p}{v} \tag{3-18}$$

联立式(3-17)和式(3-18)得：

$$v_{\mathrm{H}}=\frac{k}{k+1}v_0 \text{ 或 } \rho_{\mathrm{H}}=\frac{k+1}{k}\rho_0 \tag{3-19}$$

因此得到 C-J 面处的质点速度 u_{H} 为：

$$u_{\mathrm{H}}=\frac{1}{k+1}D \tag{3-20}$$

C-J 面处的压强 p_{H} 为：

$$p_{\mathrm{H}}=\frac{1}{k+1}\rho_0 D^2 \tag{3-21}$$

由 C-J 条件 $D=u_{\mathrm{H}}+c$ 得：

$$c=\frac{k}{k+1}D \tag{3-22}$$

根据热力学第一定律可推导出爆速的表达式为：

$$D=\sqrt{2(k^2-1)Q_{\mathrm{V}}} \tag{3-23}$$

由此就可近似计算炸药 C-J 爆轰面处参数。若凝聚炸药绝热指数 k 取值为 3，则可快速求解爆轰参数为：

$$D=4\sqrt{Q_{\mathrm{V}}}\,;c=\frac{1}{4}D\,;p_{\mathrm{H}}=\frac{1}{4}\rho_0 D^2\,;u_{\mathrm{H}}=\frac{1}{4}D\,;\rho_{\mathrm{H}}=\frac{4}{3}\rho_0 \tag{3-24}$$

3.2 爆轰波碰撞聚能全过程分析

3.2.1 爆轰波正碰撞

爆轰波正反射示意图如图 3-4 所示。炸药从起爆到完全爆轰的过程是在瞬间完成的，因此可近似忽略气体膨胀的作用。根据 C-J 理论，炸药完全爆轰的参数可以由下列公式进行计算：

$$p_H = \frac{1}{k+1}\rho_0 D^2;v_H = \frac{k}{k+1}v_0;u_H = \frac{1}{k+1}D;c_H = \frac{k}{k+1}D \tag{3-25}$$

式中　p_H，v_H，u_H，c_H——爆轰产物压力、比容、运动速度、声波速度；

k 值含义同前。

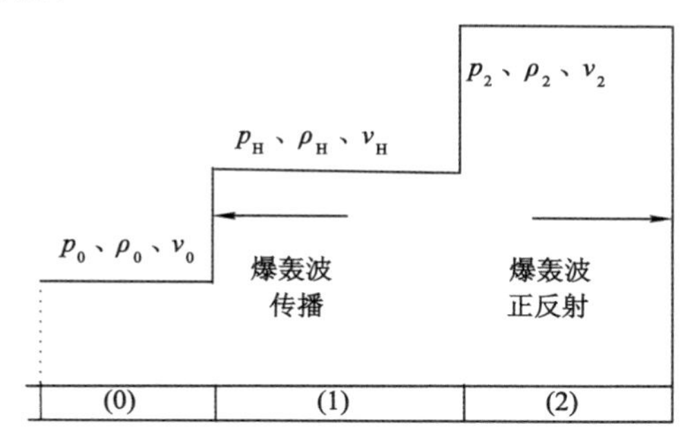

(0)一炸药初始状态；(1)一炸药稳定爆轰状态；(2)一爆轰波正反射。

图 3-4　爆轰波正反射示意图

如图 3-4 所示，当爆轰波向右传至固定刚性壁面时发生正反射。根据 C-J 理论推导的爆轰波守恒状态方程和波的反射定理可推导出爆轰波正反射后的压力与稳定爆轰压力的比值为：

$$\frac{p_2}{p_H} = \frac{5k+1+\sqrt{17k^2+2k+1}}{4k} \tag{3-26}$$

式(3-26)给出了爆轰波在刚性壁面正反射前、后爆轰压力比值与多方指数的关系。由于爆轰波碰撞聚能时，从炸药两侧传播至中心线处的两爆轰波参数数值相等，只是在传播方向上为相向传播，因此，在发生正碰撞时可互相视为刚性壁面。一般工业炸药多方指数 k 取值范围在 1.0～4.0 之间，绘制爆轰波正碰撞时的爆压变化与多方指数关系曲线（如图 3-5 所示）。从图 3-5 中可知，爆轰波正碰撞时的爆压比值随炸药多方指数的增大逐渐降低，爆轰压力增长比值为 2.36～2.61。

3.2.2　爆轰波斜碰撞

当爆轰波正碰撞发生后，两爆轰波将以一定的入射角继续发生碰撞，产生斜反射现象。动坐标系中的爆轰波斜反射示意图如图 3-6 所示。

如图 3-6 所示，对于(1)区，根据爆轰波斜反射理论可得入射角 φ、偏转角 θ 与炸药多方指数 k 值的关系式为：

$$\tan\theta = \frac{\tan\varphi}{k\tan^2\varphi + k + 1} \tag{3-27}$$

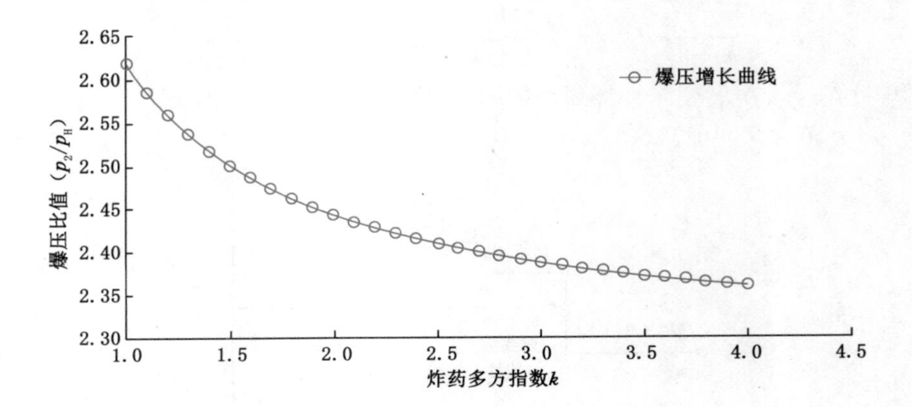

图 3-5　爆轰波正碰撞爆压与炸药多方指数关系曲线

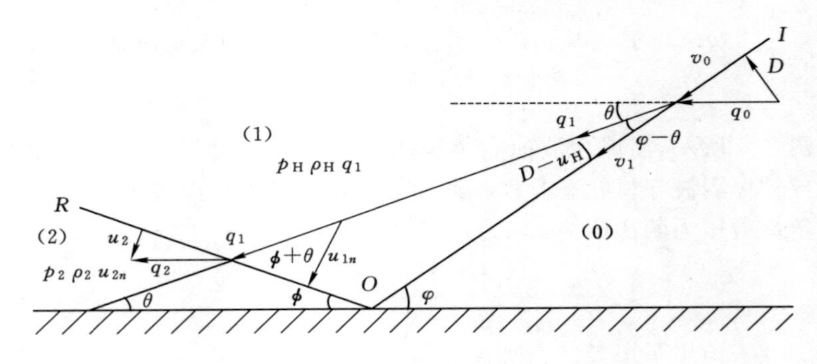

图 3-6　动坐标系中的爆轰波斜反射示意图

爆轰波经过 O 点后，则不再平行于底边传播，爆轰波传播方向与底边发生一个 θ 角度的偏转。爆轰产物的流动受到刚性壁面的阻挠，在刚性壁面上产生一反射冲击波 R。当爆轰产物经过反射冲击波 R 时，其流动方向又偏转一个 θ 角度，然后沿着刚性壁面传播。

对于(2)区，根据爆轰波状态方程、质量守恒定理和动量守恒定理可推得入射角 φ 和反射角 ϕ 间的关系为：

$$\frac{\tan\phi}{\tan\left[\phi+\arctan\left(\frac{\tan\varphi}{k\tan^2\varphi+k+1}\right)\right]}=\frac{(k-1)}{k+1}+\frac{2k^2}{k+1}\cdot$$

$$\frac{1}{\left[k^2+(k+1)^2\cdot\cot^2\varphi\right]\cdot\sin^2\left[\phi+\arctan\left(\frac{\tan\varphi}{k\tan^2\varphi+k+1}\right)\right]}\tag{3-28}$$

反射角与入射爆压间的关系为：

$$\frac{p_2}{p_H}=\frac{(k-1)\tan\phi-(k+1)\tan(\phi+\theta)}{(k-1)\tan(\phi+\theta)-(k+1)\tan\phi} \tag{3-29}$$

CHNO 型炸药的多方指数计算公式为：

$$k=\frac{(1.01+1.313\rho_0)^2}{1.558\rho_0}-1 \tag{3-30}$$

假设装入炮孔中的工业炸药密度为 0.9 g/cm^3，则可得出炸药的多方指数 $k=2.42$，将其分别带入式(3-28)和式(3-29)中，绘制爆轰波斜反射角度关系曲线，如图 3-7 所示。从图 3-7 中可知，当爆轰波斜入射时，偏转角随入射角增大而先增大后减小；反射角随入射角增大而逐渐增大，但是当入射角大于 46.8°时，则反射角出现虚数解，说明此时已不再是正规的爆轰波斜反射。

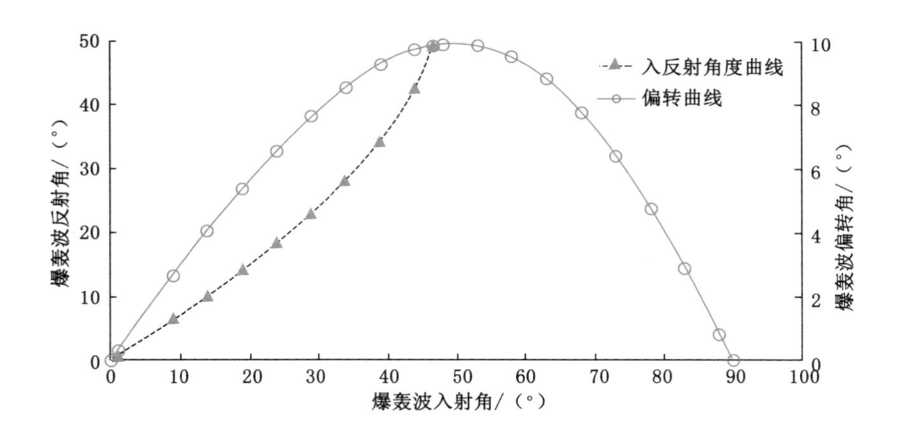

图 3-7　爆轰波斜反射角度关系曲线($k=2.42$)

3.2.3　爆轰波马赫反射

当入射角大于 46.8°时，反射角的解为虚数。这时爆轰波的反射状态发生变化，从斜冲击波反射理论上描述，这时反射波从固壁上脱落(发生马赫反射)。

马赫波在刚性壁上的马赫反射示意图如图 3-8 所示。

在图 3-8 中，O 为三波点，OI 为入射爆轰波波阵面，OR 为反射冲击波波阵面，OT 为马赫杆，OP 为接触间断或滑移线。Ⅰ为未爆炸炸药的区域；Ⅱ为平面爆轰波后的区域；Ⅲ为反射冲击波后的区域；Ⅳ为马赫杆后的区域。θ 为平面爆轰波后的流动偏转角；ε 为反射冲击波后的流动偏转角；β 为马赫杆与介质初始

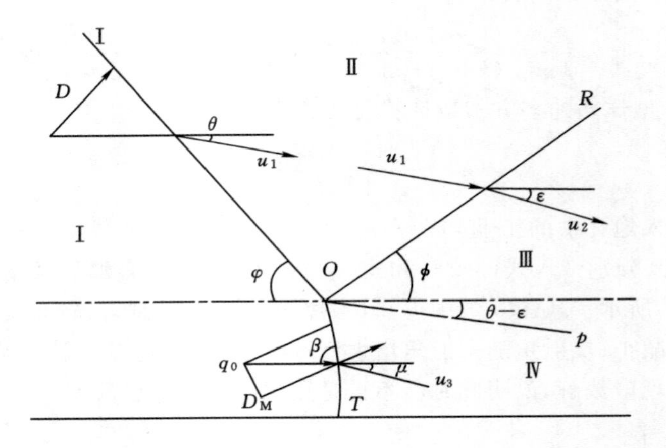

图 3-8　马赫波在刚性壁上的马赫反射示意图

界面方向的夹角，在马赫杆的不同位置上，其值不相同；μ 为马赫杆后，爆轰产物流动方向相对波前流动偏转角，其值也是变化的。根据爆轰波斜碰撞理论，可推导出各区域参数的表达式。

Ⅱ区为平面爆轰波后的区域。该区域马赫数 M_1 和流动偏转角 θ 为：

$$\left.\begin{aligned} M_1 &= \sqrt{1+\left(\frac{k}{k+1}\right)^2 \cot^2 \varphi} \\ \theta &= \arctan\left[\frac{\tan \varphi}{1+k(1+\tan^2 \varphi)}\right] \end{aligned}\right\} \tag{3-31}$$

Ⅲ区为反射冲击波后的区域。根据波阵面上的守恒方程以及凝聚体状态方程，各参数间的关系式为：

$$\left.\begin{aligned} \frac{p_2}{p_{\mathrm{CJ}}} &= \frac{2k}{1+k}M_1^2 \sin^2(\phi+\theta) - \frac{k-1}{k+1} \\ \frac{\rho_2}{\rho_{\mathrm{CJ}}} &= \frac{(k+1)M_1^2 \sin(\phi+\theta)}{(k-1)M_1^2 \sin^2(\phi+\theta)+2} \\ \tan \varepsilon &= \frac{[M_1^2 \sin^2(\phi+\theta)-1]\cot(\phi+\theta)}{M_1^2\left[\dfrac{k+1}{k}-\sin^2(\phi+\theta)\right]+1} \end{aligned}\right\} \tag{3-32}$$

Ⅳ区为马赫杆后的区域。根据波阵面上的守恒方程以及凝聚体状态方程，各参数间的关系式为：

$$
\left.\begin{aligned}
&\frac{D_{\mathrm{M}}}{D_{\mathrm{CJ}}}=\frac{\sin\beta}{\sin\varphi}\\
&\frac{p_3}{p_{\mathrm{CJ}}}=\frac{\sin^2\beta}{\sin^2\varphi}\left(1+\sqrt{1-\frac{\eta\sin^2\varphi}{\sin^2\beta}}\right)\\
&\frac{\rho_3}{\rho_{\mathrm{CJ}}}=\frac{1}{(k+1)}\left(k-\sqrt{1-\frac{\eta\sin^2\varphi}{\sin^2\beta}}\right)\\
&\tan\mu=\frac{(1-\rho_0/\rho_3)\tan\beta}{1+(\rho_0/\rho_3)\tan^2\beta}
\end{aligned}\right\}\tag{3-33}
$$

式中　k——炸药的绝热指数；

η——马赫爆轰释放出的能量与 C-J 爆轰释放能量的比值，即过度压缩系数，通常为 1.0～1.2。

马赫数是衡量空气压缩性的重要参数，是气体在空间质点处的流速 u 与当地声速 a 的比值，即：

$$M=\frac{u}{a}\tag{3-34}$$

大量试验数据表明，马赫爆轰波是一个近似垂直于固壁的爆轰波。马赫爆轰波爆速 D_3 为：

$$D_3=\frac{D}{\sin\varphi}\tag{3-35}$$

由此可见，马赫爆轰波是一个爆轰波速度大于 D 的超压爆轰波。根据气体动力学相关理论，对于超压爆轰波，由质量、动量和能量守恒定律可得：

$$
\left.\begin{aligned}
&\rho_0 D_3=\rho_3(D_3-u_3)\\
&p_3=\rho_0 D_3 u_3=\rho_0 D_3^2\frac{u_3}{D_3}\\
&\frac{p_3 v_3}{k-1}=\frac{1}{2}p_3(v_0-v_3)+Q_3
\end{aligned}\right\}\tag{3-36}
$$

式中　Q_3——马赫爆轰波反应中释放出来的化学能。

马赫爆轰波是超压爆轰波，因此 C-J 条件在此并不适用。

由式(3-36)化简得：

$$\frac{u_3}{D_3}=1-\frac{\rho_0}{\rho_3}\tag{3-37}$$

将式(3-37)代入式(3-36)，并与式(3-13)相除得：

$$p_{\mathrm{H}}=\frac{1}{k+1}\rho_0 D^2\tag{3-38}$$

$$\frac{p_3}{p_H}=(k+1)\left(1-\frac{\rho_0}{\rho_3}\right)\left(\frac{D_3}{D}\right)^2 \tag{3-39}$$

C-J 爆轰能量方程为：

$$\frac{p_H v_H}{k-1}=\frac{1}{2}p_H(v_0-v_H)+Q \tag{3-40}$$

C-J 比容关系式为：

$$v_H=\frac{k}{k+1}v_0 \tag{3-41}$$

将式(3-41)代入式(3-40)中，并整理得：

$$Q=\frac{p_H v_0}{2(k-1)} \tag{3-42}$$

马赫爆轰波释放出来的化学能可写为：

$$Q_3=\frac{\eta p_H v_0}{2(k-1)} \tag{3-43}$$

将式(3-43)代入式(3-37)得：

$$\frac{p_3 v_3}{k-1}=\frac{1}{2}p_3(v_0-v_3)+\frac{\eta p_H v_0}{2(k-1)} \tag{3-44}$$

整理得：

$$\frac{v_3}{v_0}=\frac{k-1}{k+1}+\frac{\eta}{(k+1)}\frac{p_H}{p_3} \tag{3-45}$$

将式(3-45)代入到(3-39)式，并整理得：

$$\left(\frac{p_3}{p_H}\right)^2=\left(2\frac{p_3}{p_H}-\eta\right)\left(\frac{D_3}{D}\right)^2 \tag{3-46}$$

求解得：

$$\frac{p_3}{p_H}=\left(\frac{D_3}{D}\right)^2+\frac{D_3}{D}\left[\left(\frac{D_3}{D}\right)^2-\eta\right]^{\frac{1}{2}} \tag{3-47}$$

将式(3-11)代入式(3-47)可推导出马赫波后压强 p_3 与爆轰波压强 p_H 间的关系为：

$$\frac{p_3}{p_H}=\frac{1}{\sin^2\varphi}+\frac{1}{\sin\varphi}\left(\frac{1}{\sin^2\varphi}-\eta\right)^{1/2} \tag{3-48}$$

假设 $\eta=1$，则可绘制马赫反射爆压增长比值曲线(如图 3-9 所示)。从图 3-9 中可以看出，马赫反射后的爆压，首先大幅上升至爆轰波压强的 3 倍以上，然后随着入射角增大而逐渐降低，最终当入射角达到 90°时衰减至正常爆轰波的爆压。

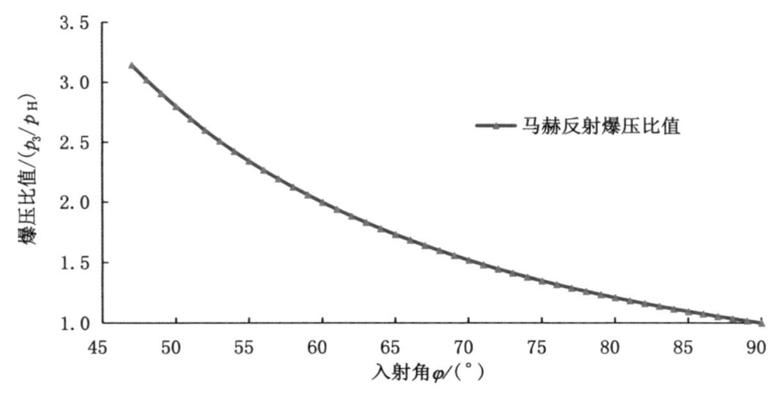

图 3-9　马赫反射爆压增长比值曲线

3.2.4　爆轰波碰撞压力变化过程

爆轰波平面碰撞聚能过程如图 3-10 所示。炸药在两对称起爆点的引爆下起爆，其产生的爆轰波以起爆点为起点呈环状逐渐往外扩展。当两爆轰波传播至中心点 O 处时，爆轰波将会发生正碰撞。随后两爆轰波将互相以固壁的形式发生斜反射。当入射角增加到一定值时（对于密度为 0.9 g/cm^3 的炸药，当入射角达到 46.8°时），若继续增大入射角，根据式(3-28)可知，此时反射角 ϕ 将出现虚数解，说明反射波已经脱离固壁，形成马赫反射现象。

图 3-11 给出了 k 值取 2.42 时的爆轰波碰撞压力变化过程。从图 3-11 中可知，爆轰波在药柱中心发生正碰撞时的压力增长比约为 2.41。随着入射角变化，爆轰波将发生斜反射，此时的爆轰压力增长比呈先增大后减少的状态，其在 2.3～2.48 区间变化。直到马赫反射发生时，爆轰压力增长比急剧增大，可达到 3.08 倍。随着入射角的增大，爆轰压力比逐渐降低，当入射角度达到 60°时，此时的爆轰压力比值仍达到 2 倍以上，应用爆轰波传播碰撞几何关系可知，高爆速起爆药条至少应为低爆速主装药爆速的 1.15 倍，方能满足爆轰压力增长 2 倍的条件；同理，高爆速起爆药条的爆速至少应为低爆速主装药的 1.06 倍，方能满足爆轰压力增长 1.5 倍的条件。对于工程爆破中常用的工业炸药，其爆速一般小于 5 000 m/s，而可作为起爆器材的导爆索，其爆速一般不低于 6 000 m/s，是常用工业炸药爆速的 1.2 倍以上。因此，用导爆索起爆工业炸药能够实现爆轰压力增长 2 倍以上，提高炸药局部破碎作用的目的。

通过爆轰波碰撞压力变化的全过程分析，爆轰波二维平面碰撞的爆轰压力比值变化很好解释了钢板刻蚀显像试验时在聚能方向上形成的不规则刻蚀面。

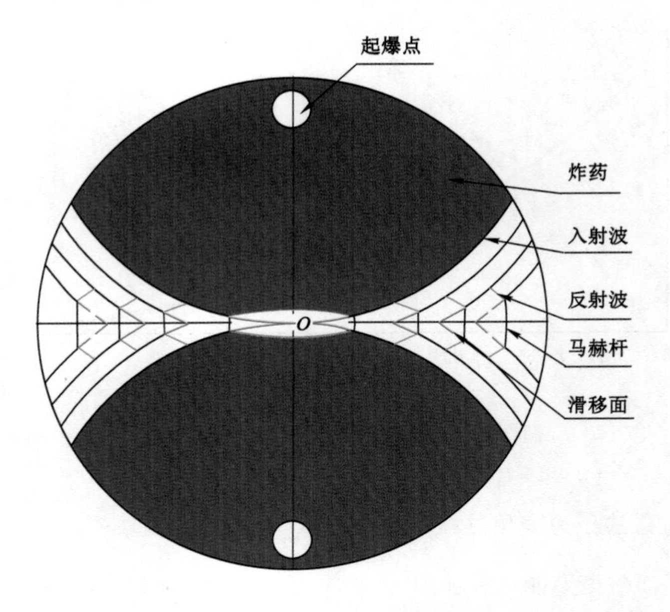

图 3-10　爆轰波平面碰撞聚能过程

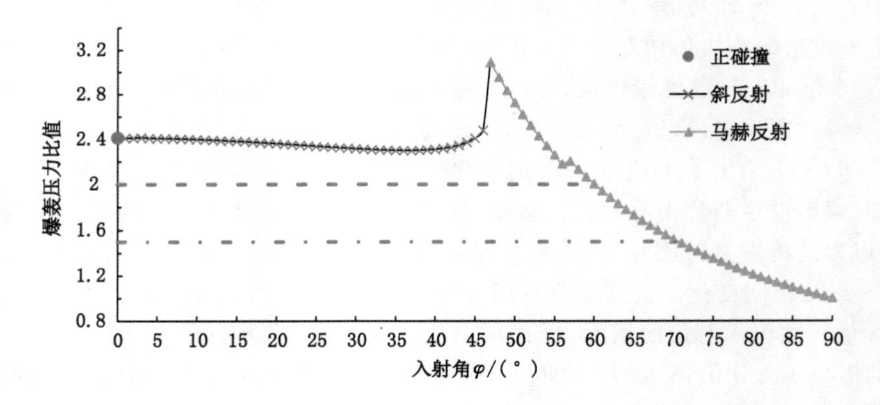

图 3-11　爆轰波碰撞压力变化曲线（$k=2.42$）

爆轰波碰撞时形成的马赫反射爆轰压力急剧增大是铝板扩孔试验时炮孔内部形成不平整内壁面的原因。爆轰波碰撞聚能的爆轰压力变化亦可解释岩石和有机玻璃裂纹扩展试验中，在起爆点中心轴线上形成的较大裂纹现象。然而，以上仅是在二维平面爆轰波碰撞的基础上分析爆轰聚能和物理试验现象，对于柱状炸药纵剖面的爆轰波传播分析则需借助气体动力学中的锥形流理论加以解析。

3.3 爆轰波碰撞锥形流理论研究

锥形流是指在通过一个共同顶点的射线上，所有气体属性（如流速和热力学等）沿某个垂直于对称轴的圆环上都是保持不变的定常流动。在锥形流中，解的所有自然表面都是锥形的。锥面是由一恒通过顶点的某一固定准线运动的母线所构成的面。

爆轰波碰撞聚能锥形流如图 3-12 所示。对于炮孔中的柱状主装药，当高爆速起爆药条被起爆后，爆轰波以 D_1 的速度沿起爆方向进行传播，进而带动主装药以 D_2 的爆速持续在对称轴的圆环上产生锥形流，直至主装药爆轰完毕。

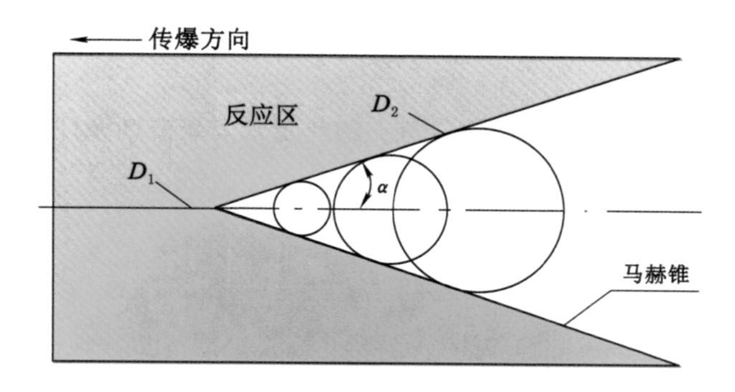

图 3-12 爆轰波碰撞聚能锥形流示意图

在二维和三维定常超声速气流中，所有气流以球面波的包络面逐步向外传播；在传播过程中，包络面会形成一个锥形面（即马赫锥）；气流不会超越该锥形面往外传播。因此在马赫锥的外围会形成一个等值区（寂静区）。马赫锥的半顶角 α（称为马赫角）满足：

$$\sin \alpha = \frac{1}{M} \tag{3-49}$$

超声速气流，若通过一系列马赫波膨胀加速，称为膨胀波；若通过一系列马赫波增压减速，称为压缩波。如图 3-13 所示，当气流绕凸面时，气流的马赫数逐渐增大，马赫角逐渐减小，膨胀波逐渐向下游倾斜，形成一个扇形连续膨胀区（普朗特-迈耶尔流动）；当气流绕凹面时，则相反。这些压缩波依次有交汇的趋势。当压缩波交汇时，压缩波会叠加，形成激波。在定常超声速气流中，气体速度、密度等都是以膨胀、压缩或激波的形式出现的。

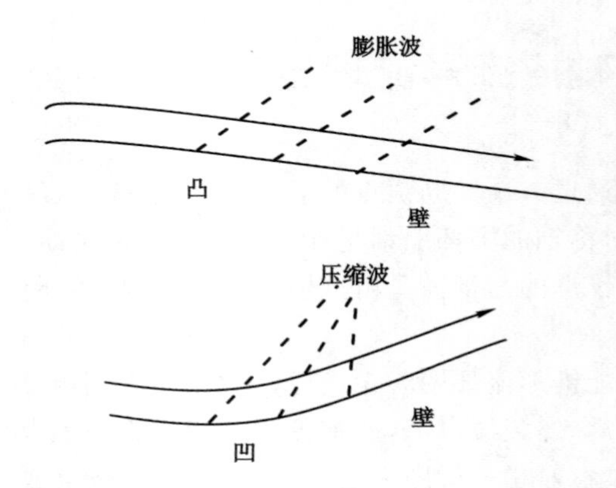

图 3-13　二维可压缩定常流中的膨胀波和压缩波

若忽略质量力，二维可压缩定常流在绝热定常等熵流动条件下，应满足如下方程。

① 连续方程：

$$\frac{\partial u}{\partial x}+\frac{\partial v}{\partial y}+u\frac{\partial(\ln\rho)}{\partial x}+v\frac{\partial(\ln\rho)}{\partial y}+\frac{Nv}{y}=0 \tag{3-50}$$

$$\frac{\partial(\rho u)}{\partial x}+\frac{\partial(\rho v)}{\partial y}=0 \tag{3-51}$$

式中　u,v——对应的速度分量；

x,y——坐标；

ρ——流体密度；

N——系数，$N=0$ 时代表平面二维流，$N=1$ 时代表轴对称二维流。

② 动量方程：

$$\begin{cases} u\dfrac{\partial u}{\partial x}+v\dfrac{\partial u}{\partial y}+\dfrac{1}{\rho}\dfrac{\partial p}{\partial x}=0 \\ u\dfrac{\partial v}{\partial x}+v\dfrac{\partial v}{\partial y}+\dfrac{1}{\rho}\dfrac{\partial p}{\partial y}=0 \end{cases} \tag{3-52}$$

式中　p——压强。

③ 能量方程：

$$\frac{1}{2}(u^2+v^2)+\frac{\gamma}{\gamma-1}RT=\text{const} \tag{3-53}$$

式中　γ——多方指数；

R——气体常数；

T——热力学温度。

④ 状态方程：

$$p=\rho RT \tag{3-54}$$

利用连续方程和动量方程，二维可压缩定常流的控制方程可描述为：

$$\begin{cases}\dfrac{\partial u}{\partial x}+\dfrac{\partial v}{\partial y}+u\dfrac{\partial \ln\rho}{\partial x}+v\dfrac{\partial \ln\rho}{\partial y}+\dfrac{Nv}{y}=0\\ u\dfrac{\partial u}{\partial x}+v\dfrac{\partial u}{\partial y}+\dfrac{1}{\rho}\dfrac{\partial p}{\partial x}=0\\ u\dfrac{\partial v}{\partial x}+v\dfrac{\partial v}{\partial y}+\dfrac{1}{\rho}\dfrac{\partial p}{\partial y}=0\end{cases} \tag{3-55}$$

设 q 为合速度，θ 为速度夹角，则有：

$$u=q\cos\theta \quad v=q\sin\theta \quad \Rightarrow \frac{v}{u}=\frac{\mathrm{d}y}{\mathrm{d}x}=\tan\theta \tag{3-56}$$

将式(3-56)代入式(3-55)，经整理后有：

$$\begin{cases}\cos\theta\dfrac{\partial \ln q}{\partial x}+\sin\theta\dfrac{\partial \ln q}{\partial y}-\sin\theta\dfrac{\partial\theta}{\partial x}+\cos\theta\dfrac{\partial\theta}{\partial y}+\cos\theta\dfrac{\partial \ln\rho}{\partial x}+\sin\theta\dfrac{\partial \ln\rho}{\partial y}+\dfrac{N\sin\theta}{y}=0\\ q\cos\theta\left(\cos\theta\dfrac{\partial q}{\partial x}+\sin\theta\dfrac{\partial q}{\partial y}\right)-q^2\sin\theta\left(\cos\theta\dfrac{\partial\theta}{\partial x}+\sin\theta\dfrac{\partial\theta}{\partial y}\right)+\dfrac{1}{\rho}\dfrac{\partial p}{\partial x}=0\\ q\sin\theta\left(\cos\theta\dfrac{\partial q}{\partial x}+\sin\theta\dfrac{\partial q}{\partial y}\right)+q^2\cos\theta\left(\cos\theta\dfrac{\partial\theta}{\partial x}+\sin\theta\dfrac{\partial\theta}{\partial y}\right)+\dfrac{1}{\rho}\dfrac{\partial p}{\partial y}=0\end{cases} \tag{3-57}$$

将式(3-57)的第三式乘 $\cos\theta$ 减去第二式乘 $\sin\theta$ 后，得到：

$$q^2\left(\cos\theta\frac{\partial\theta}{\partial x}+\sin\theta\frac{\partial\theta}{\partial y}\right)-\frac{1}{\rho}\left(\sin\theta\frac{\partial p}{\partial x}-\cos\theta\frac{\partial p}{\partial y}\right)=0 \tag{3-58}$$

$$\cos\theta\left(\frac{1}{2}\frac{\partial q^2}{\partial x}+\frac{1}{\rho}\frac{\partial p}{\partial x}\right)+\sin\theta\left(\frac{1}{2}\frac{\partial q^2}{\partial y}+\frac{1}{\rho}\frac{\partial p}{\partial y}\right)=0 \tag{3-59}$$

由式(3-56)中 $\mathrm{d}y/\mathrm{d}x=\tan\theta$，将之代入式(3-59)，得到：

$$\left(\frac{1}{2}\frac{\partial q^2}{\partial x}+\frac{1}{\rho}\frac{\partial p}{\partial x}\right)\mathrm{d}x+\left(\frac{1}{2}\frac{\partial q^2}{\partial y}+\frac{1}{\rho}\frac{\partial p}{\partial y}\right)\mathrm{d}y=\frac{\mathrm{d}q^2}{2}+\frac{\mathrm{d}p}{\rho}=0 \tag{3-60}$$

显然式(3-60)就是伯努利方程(当密度为常数，流体为气体的不可压缩流，马赫数小于 0.3)的微分形式。当压强 p 是密度 ρ 的单值函数时，式(3-60)就能写为：

$$\frac{q^2}{2}+\int\frac{\mathrm{d}p}{\rho}=\mathrm{const.} \tag{3-61}$$

再以 $\tan\omega=y/x$ 进行变量代换，并结合声速 a 和马赫角 α 的定义，则有：

$$\begin{cases} y = x\tan\omega \\ \partial x = -x\dfrac{\partial\omega}{\sin\omega\cos\omega} \\ \partial y = x\dfrac{\partial\omega}{\cos^2\omega} \\ a^2 = \left(\dfrac{\mathrm{d}p}{\mathrm{d}\rho}\right)_S \\ \sin\alpha = \dfrac{a}{q} \end{cases} \tag{3-62}$$

将式(3-62)代入式(3-57)中第一式、式(3-58)，经整理，对于流场为 φ 单值函数的等熵流有：

$$\begin{cases} -\mathrm{d}\ln q + \cot(\omega-\theta)\,\mathrm{d}\theta - \mathrm{d}(\ln\omega) + \dfrac{N\sin\theta}{\sin\omega\sin(\omega-\theta)}\mathrm{d}\omega = 0 \\ \mathrm{d}\theta = \sin^2\alpha\cot(\omega-\theta)\,\mathrm{d}(\ln\rho) \end{cases} \tag{3-63}$$

将伯努利方程的微分形式(3-60)改写为如下的等熵形式：

$$\mathrm{d}(\ln\rho) = -\sin^{-2}\alpha\cdot\mathrm{d}(\ln q) \tag{3-64}$$

将之代入式(3-63) 削去 $\mathrm{d}(\ln\rho)$项后，可得到：

$$\begin{cases} \mathrm{d}\omega = \dfrac{\sin\omega\left[\sin^2\alpha - \sin^2(\omega-\theta)\right]}{N\sin\theta\sin(\omega-\theta)\sin^2\alpha}\mathrm{d}(\ln q) \\ \mathrm{d}\theta = -\cot(\omega-\theta)\,\mathrm{d}(\ln q) \end{cases} \tag{3-65}$$

完全气体在等熵过程中的压强和密度之间的关系是：

$$\ln p - k\ln\rho = \mathrm{const} \Rightarrow \frac{\mathrm{d}p}{p} = k\frac{\mathrm{d}\rho}{\rho} \Rightarrow$$

$$\left(\frac{\partial p}{\partial\rho}\right)_S = k\cdot\frac{p}{\rho} = kRT \Rightarrow a = \sqrt{k\frac{p}{\rho}} = \sqrt{kRT} \tag{3-66}$$

如果设等熵过程的压强密度关系为 $p = p_S(\rho)$，则由式(3-61)以及声速 a、马赫角 α 定义得：

$$\begin{cases} q^2 = q_{CJ}^2 - 2\displaystyle\int_{\rho_{CJ}}^{\rho}\frac{a^2}{\rho}d\rho = Q_S(q_{CJ},\rho_{CJ},\rho) \\ p = p_S(\rho)\,;\quad a^2 = p'_S(\rho)\,;\sin\alpha = a/q \end{cases} \tag{3-67}$$

由式(3-67)可见，p、a 均是密度 ρ 的单值函数。显然在流场确定时，也即确定参考点 ρ_{CJ}、q_{CJ}后，流速 q 也转化为密度 ρ 的单值函数，则马赫角 α 也为密度的单值函数，故可以用 p、ρ、q、a、α 任意一个为自变量，并通过式(3-66)确定出其他变量。因此，只要流动的边界条件可以用 φ 的单值关系函数表示，就可以任意使用 p、ρ、q、a、α 之一为自变量，通过求解代数方程(3-66)确定其他变量，进而在通过求解常微分方程组(3-65)来确定整个流场参数(即 φ、θ)。

(1) 平面二维流

当方程组(3-65)中的 $N=0$ 时,方程表示的气流退化为平面二维流。方程组(3-65)中第一式的分母为零。若 φ、q 有解,则分子必为零,即得:

$$\begin{cases} \dfrac{y}{x} = \tan\omega = \tan(\theta \pm \alpha) \\ \mathrm{d}\theta = \mp \cot\alpha \cdot \mathrm{d}(\ln q) \end{cases} \tag{3-68}$$

由方程组(3-68)中的第一式可见,经过中心点($x=0$, $y=0$),角度为 φ 的射线与特征线(角度为 $\theta \pm \alpha$)重合,式(3-68)即为平面定常流的中心稀疏波解。而第二式与式(3-68)联立可见,气流转角 θ 与速度 q(或 p、ρ、a、α)也是单值关系,即为广义的普朗特-梅耶函数。广义普朗特-梅耶函数与常用的普朗特-梅耶函数的区别仅仅是流体等熵状态方程的不同。常用的普朗特-梅耶函数只适用于多方气体,而广义普朗特-梅耶函数是各种等熵气体状态方程通用形式。

(2) 轴对称二维流

对于轴对称二维流,$N=1$,公式(3-65)中第一式的分母为零,气流转角 $\theta=0$,此时必然有 $\varphi=\theta\pm\alpha$。故在 $\theta=0$ 的邻域,轴对称二维流的控制方程与平面二维流的相同,见式(3-68)。

如图 3-14 所示,对于爆轰聚能二维爆轰流场的计算,设炸药沿中心线性高速起爆,起爆方向为沿 x 轴的反方向,起爆速度为 D_0,被起爆的炸药爆速为 D($D_0>D$)。这样在炸药内会产生一道斜爆轰波。设斜爆轰波角度为 φ,则有:

$$D = D_0 \sin\varphi \tag{3-69}$$

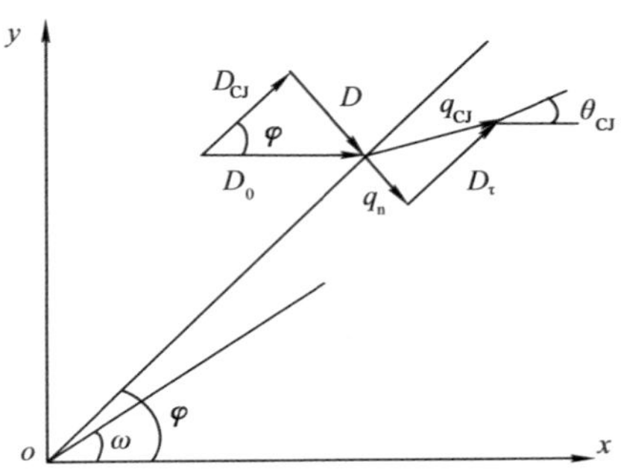

图 3-14　爆轰波碰撞聚能二维爆轰流场示意图

将坐标系设置在起爆点上,这样坐标系以 D_0 速度随波阵面一起运动。上述爆轰波转化为沿 x 轴方向以 D_0 速度流入斜爆轰波(角度为 φ)的定常流。

如图 3-14 所示,斜爆轰波流经后,斜爆轰波前后的切向速度分量 D_τ 连续相等,法向速度由炸药爆轰速度 D 减小为 q_n。根据 C-J 爆轰条件,q_n 等于当地声速 D_{CJ}。引入参数 k,k 为爆轰波的压缩度,$k=\rho_{CJ}/(\rho_{CJ}-\rho_0)$;$\rho_0$ 为炸药初始密度,ρ_{CJ} 为爆轰波后炸药密度。炸药爆压 p_{CJ}、声速 D_{CJ} 为:

$$\begin{cases} p_{CJ}=\dfrac{\rho_0 D^2}{k+1} \\ D_{CJ}=\dfrac{k}{k+1}D \\ \rho_{CJ}=\dfrac{k+1}{k}\rho_0 \end{cases} \tag{3-70}$$

将爆轰波后法向速度 D_{CJ} 与切向速度 D_τ 加以运算,则可得爆轰波后的气流流速 q_{CJ} 及转角 θ_{CJ} 分别为:

$$\begin{cases} q_{CJ}^2=D_\tau^2+a_{CJ}^2=D^2\cot^2\varphi+\left(\dfrac{k}{k+1}D\right)^2 \\ \tan(\varphi-\theta_{CJ})=\dfrac{a_{CJ}}{D_\tau}=\dfrac{k}{k+1}\tan\varphi \end{cases} \Rightarrow \begin{cases} q_{CJ}=D\sqrt{\cot^2\varphi+\left(\dfrac{k}{k+1}\right)^2} \\ \theta_{CJ}=\varphi-\operatorname{arccot}\left(\dfrac{k}{k+1}\tan\varphi\right) \end{cases} \tag{3-71}$$

显然,中心轴 $y=0$ 处的边界条件为:

$$\theta_{CJ}=0 \tag{3-72}$$

以式(3-70)至式(3-72)为边界条件,求解公式(3-67)和公式(3-68)可获得平面二维高速线性起爆炸药爆轰问题的流场解,求解公式(3-65)和公式(3-67)则可得到轴对称二维高速线性起爆炸药的流场解。平面二维爆轰的流场应为斜爆轰波后紧跟着的中心稀疏波,轴对称二维爆轰应为锥形爆轰波后紧跟着的一组等值锥面锥形流场。

3.4 本章小结

主要进行爆轰波基础理论分析、爆轰波碰撞聚能全过程分析和锥形流理论分析等。本章得出如下主要结论。

(1) 回顾稳定爆轰的 C-J 条件、雨果尼奥曲线及瑞利线下爆轰分解条件,得出在已知凝聚炸药绝热指数的情况下爆轰参数近似计算方法。

(2) 给出爆轰斜碰撞下的反射角、偏转角及爆轰压力变化的求解方法,得出对于密度为 0.9 g/cm^3 的工业炸药,当入射角达到 46.8°时,形成马赫反射现象,进而对马赫反射建立模型;以爆轰波正碰撞、斜碰撞和马赫反射解绘制爆轰波碰撞聚能压力变化的全过程曲线，得出三种碰撞状态下的爆轰压力增长比分别为2.41、2.3～2.48和3.08，并指出高爆速起爆药条爆速至少应为低爆速主装药爆速的1.15倍，方能满足爆轰波碰撞聚能压力增长2倍的条件。

（3）利用锥形流、二维可压缩定常流理论，给出平面和轴对称二维高速线性起爆炸药流场解的求解方法。

第4章 爆轰波碰撞聚能数值模拟计算

数值模拟软件为爆炸与冲击等高速瞬态现象的研究提供了一种有效的工具。根据材料和构造物的特性，依据提前设定好的物质状态方程、本构关系方程、守恒控制方程，利用数值模拟软件对爆炸与冲击问题的高速瞬态现象进行模拟和观测。数值模拟是支持科研人员进行创新研究和设计的重要方法，对新型结构设计、次生灾害评估、围岩稳定性分析等，对求解包含有多组非线性偏微分方程、积分方程及代数方程的数值解问题有着十分重要的意义。在没有进行详细的工业试验之前，数值模拟软件在新方法和新理论的试验研究方面，提供了一种节约成本、快捷方便的有效工具。数值模拟技术不仅降低科研成本，还可以直观反映一些观测不到或难以观测的物理现象（如冲击波传播及对靶板结构体的侵彻过程、切缝药包定向聚能的破坏过程、炸药对炮孔周围岩石的致裂破坏过程、爆轰波碰撞聚能过程等）。

4.1 LS-DYNA 简介

LS-DYNA 是功能齐全的非线性显式分析程序包。LS-DYNA 以拉格朗日算法为主，兼顾任意拉格朗日算法（ALE 算法）和欧拉算法，解决大变形问题带来的网格畸变；以显式求解为主，兼顾隐式求解功能，解决无条件稳定性和时间步长的问题；以结构分析为主，兼顾热力学、流固耦合分析，解决材料间的耦合和形变问题；以非线性动力学分析为主，兼顾静力学分析，解决预应力计算和回弹分析的问题，是通用的结构分析非线性有限元程序。

LS-DYNA 有着丰富的单元库（二维、三维、板、壳单元等）和 150 多种金属、非金属材料模型（弹性材料、塑性材料、混凝土、岩石、炸药等）及多种气体状态方程。该软件本身还提供了柔性与柔性、柔性与刚性、刚性与刚性等 50 多种可供选择的接触分析形式，在国防建设、爆炸冲击、爆破拆除、碰撞坠毁等领域得到广泛的应用。LS-DYNA 的显示算法可以求解非线性爆炸冲击动力学问题，如子弹侵彻、聚能装甲、爆炸等，还可以求解几何、材料和接触非线性问题。

4.2　炸药及岩石参数确定

炸药和材料的状态方程、本构关系是爆炸冲击模拟正确性的重要组成部分。在数值模拟过程中，建立将应力与应变、内能联系起来的材料模型。

4.2.1　凝聚炸药及爆轰产物的状态方程

凝聚炸药及爆轰产物一般用 Jones-Wilkins-LEE(JWL)状态方程进行描述，见公式(4-1)。

$$p=A\left(1-\frac{\omega}{R_1 v}\right)\mathrm{e}^{-R_1 v}+B\left(1-\frac{\omega}{R_2 v}\right)\mathrm{e}^{-R_2 v}+\frac{\omega E}{v} \tag{4-1}$$

式中　p——未反应炸药的压力；

E——未反应炸药的能量密度；

v——未反应炸药比容(v_e)与炸药初始比容(v_0)的比值；

ω——格林爱森系数。

其他参数就是炸药相关的材料参数(可以通过拟合初始声速和雨果尼奥数据获得)。

过 C-J 点的 JWL 等熵方程为：

$$p_S=A\mathrm{e}^{-R_1 v}+B\mathrm{e}^{-R_2 v}+\frac{C}{v^{\omega+1}} \tag{4-2}$$

$$e_S=\frac{A}{R_1}\mathrm{e}^{-R_1 v}+\frac{B}{R_2}\mathrm{e}^{-R_2 v}+\frac{C}{\omega v^{\omega}} \tag{4-3}$$

一般 JWL 状态方程参数的数值通过圆筒试验获得。圆筒试验具体步骤包括：① 将炸药装在一个内径 25 mm、外径 30 mm、长 300 mm 的无裂缝、无锈迹的铜管内。② 在铜管一端起爆后，炸药爆轰释放的能量作用在铜管壁后，使铜管不断加速和膨胀。③ 通过高速摄影机拍下铜管加速膨胀的运动轨迹。这样就可了解爆轰波能量释放和传递的全过程。

首先对所采集得到的图像进行光折射修正，然后对试验数据进行拟合分析，直到验算数据的误差在 1%范围内，则认为该参数为可以信任的。

根据工程爆破中所应用的爆炸品材料参数，炸药及其爆轰产物的状态方程参数如表 4-1 所示。

表 4-1 炸药及其爆轰产物的状态方程参数

炸药类型	密度 ρ/(g/cm³)	p_{CJ}/(10^{11} Pa)	爆速 D/(cm/μs)	A/(10^{11} Pa)	B/(10^{11} Pa)	R_1	R_2	ω	e_0/(10^{11} Pa)
导爆索	1.260	0.134	0.654	5.731	0.202	6.00	1.80	0.28	0.090
炸药	1.140	0.065	0.478	3.264	0.058	5.80	1.56	0.57	0.027

4.2.2 岩石随动硬化模型

在爆破荷载下，岩石的应变率处于 $1\sim10^5\,s^{-1}$之间。在粉碎区内，岩石的应变率处于 $10^2\sim10^5\,s^{-1}$之间；在粉碎区外，岩石的应变率处于 $1\sim10^2\,s^{-1}$之间。由于岩石的动态抗压强度具有显著的应变率效应，所以采用包含应变率效应的弹塑性模型来描述岩体是比较合适的。选择可考虑失效的双线性随动硬化模型(*MAT_PLASTIC_KINEMATIC)，应变率选用 Cowper-Symonds 模型。

岩石随动硬化的米塞斯屈服条件为：

$$\Phi=\frac{3}{2}(S_{ij}-a_{ij})^2-\sigma_y^2=0 \tag{4-4}$$

式中 σ_y——当前屈服极限；

S_{ij}——应力偏量；

a_{ij}——移动张量。

用与应变率有关的因数来表示屈服应力 σ_0 与应变率 $\dot{\varepsilon}$ 的关系为：

$$\sigma_y=\left[1+\left(\frac{\dot{\varepsilon}}{C_*}\right)^{\frac{1}{P}}\right](\sigma_0+\beta E_p\varepsilon_p^{eff}) \tag{4-5}$$

$$E_p=\frac{E_{tan}E}{E-E_{tan}} \tag{4-6}$$

式中 C_*，P——Cowper-Symonds 应变率参数；

E_p——塑性硬化模量；

E——弹性模量；

E_{tan}——切线模量；

ε_p^{eff}——岩体的有效塑性应变。

ε_p^{eff} 定义为：

$$\varepsilon_p^{eff}=\int_0^t d\varepsilon_p^{eff} \tag{4-7}$$

$$d\varepsilon_p^{eff} = \sqrt{\frac{2}{3} d^2 \varepsilon_{ij,p}} \tag{4-8}$$

式中　t——发生塑性应变累计时间；

$\varepsilon_{ij,p}$——岩体塑性应变偏量分量。

岩石的破坏准则取决于岩体的性质和实际受力状况。根据岩石破坏区间采用不同的破坏准则：① 粉碎区内岩体受压破坏时，采用米塞斯破坏准则，见公式(4-9)；② 粉碎区外岩体受拉破坏时，采用最大拉应力破坏准则，见公式(4-9)。

$$\begin{cases} \sigma_{VM} = \sqrt{\frac{3}{2}\sigma_{ij}\sigma_{ij}} > \sigma_{cd} & \text{（受压区）} \\ \sigma_t > \sigma_{td} & \text{（受拉区）} \end{cases} \tag{4-9}$$

式中　σ_{VM}——岩体质点的米塞斯有效应力；

σ_{ij}——岩体动态应力张量；

σ_t——岩体质点在爆炸荷载作用下的拉应力；

σ_{cd}，σ_{td}——岩体单轴动态抗压和抗拉强度。

引入侵蚀算法来满足不同情况下的岩石破碎。侵蚀算法针对岩石裂纹扩展及破碎可以提供应力、应变阈值。若某网格单元的应力、应变值达到侵蚀算法提供的阈值，则该单元失效，形成裂纹或破碎区，不再参与后续的计算。岩石弹塑性动力学参数如表 4-2 所示。

表 4-2　岩石弹塑性动力学参数

密度 /(g/cm^3)	弹性模量 /(10^{11} Pa)	泊松比	切线模量 /(10^{11} Pa)	屈服强度 /(10^{11} Pa)	动抗拉强度 /(10^{11} Pa)	动抗压强度 /(10^{11} Pa)	失效应变
2.83	0.518	0.27	0.04	7.5×10^{-4}	4.6×10^{-4}	1.46×10^{-3}	1.25

4.2.3　岩石 HJC 模型

Holzapfel-Kroner-Cachier(HJC)模型是模拟岩石裂纹扩展的主要材料模型。HJC 模型来源经典的约翰逊-库克模型，主要包括强度模型、损伤模型和状态方程，考虑了压缩效应和断裂效应对模拟效果的影响，同时考虑了应变率和损伤效应，可以有效地模拟岩石的变形特征和破裂特征。

(1) 岩石强度模型

岩石强度模型如图 4-1 所示。无量纲等效应力 σ^* 为：

$$\sigma^* = [A(1-D) + BP^{*N}] \cdot [1 + C\ln(\dot{\varepsilon}^*)] \tag{4-10}$$

式中　A，B，C，N——材料常数；

D——损伤系数($D=0$ 时岩石未发生破坏,$D=1$ 时岩石完全破坏);

$\sigma^*=\sigma/f_c$——归一化等效应力,σ 为实际等效应力,f_c 为静态单轴抗压强度;

$p^*=p/f_c$——无量纲静水压力,p 为实际静水压力;

$\dot{\varepsilon}^*=\dot{\varepsilon}/\dot{\varepsilon}_0$——归一化应变率,$\dot{\varepsilon}$ 为实际应变率,$\dot{\varepsilon}_0$ 为参照应变率($\dot{\varepsilon}_0=1.0\ \mathrm{s}^{-1}$)。

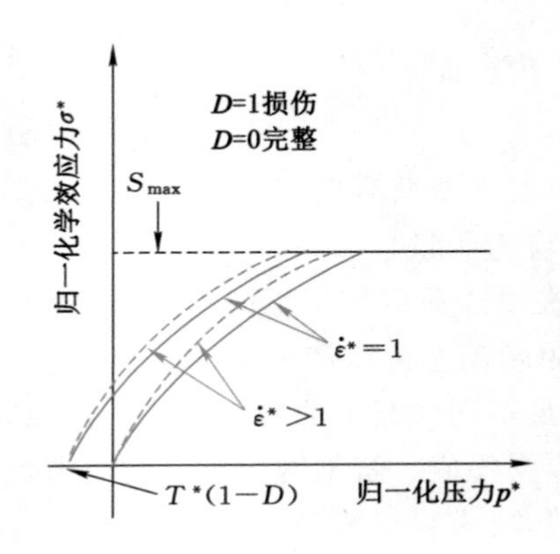

图 4-1 岩石强度模型

(2) 岩石损伤模型

岩石损伤可以理解为等效塑性应变作用的结果。岩石损伤模型如图 4-2 所示。

损伤系数 D 为:

$$D=\sum\frac{\Delta\varepsilon_p+\Delta\upsilon_p}{D_1\ (p^*+T^*)^{D_2}} \tag{4-11}$$

$$D_1\ (p^*+T^*)^{D_2}=\varepsilon_p^f+\upsilon_p^f\geqslant EF_{\min} \tag{4-12}$$

式中 $EF_{\min}$——塑性应变的最小值;

$T^*=T/f_c$——归一化等效拉应力,T 为最大拉应力,MPa;

$\varepsilon_p^f+\upsilon_p^f$——一个计算周期内的等效塑性应变和等效塑性体积应变;

D_1,D_2——损伤系数。

(3) 岩石状态方程

岩石状态方程通常用于计算岩石体积压力。岩石变形主要分为三个阶段:弹性阶段、塑性阶段和破坏阶段。岩石状态方程如图 4-3 所示。

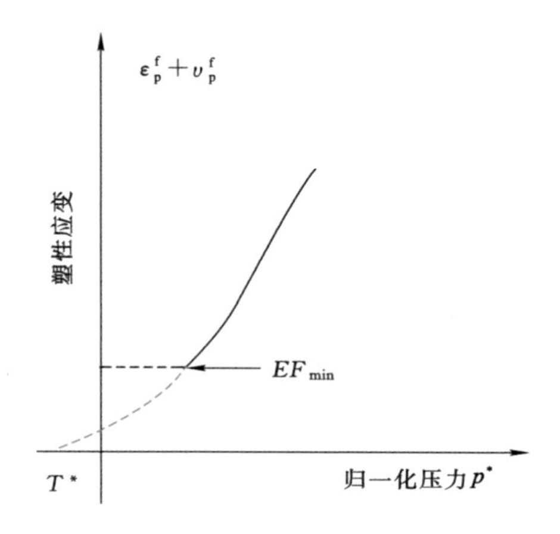

图 4-2　岩石损伤模型

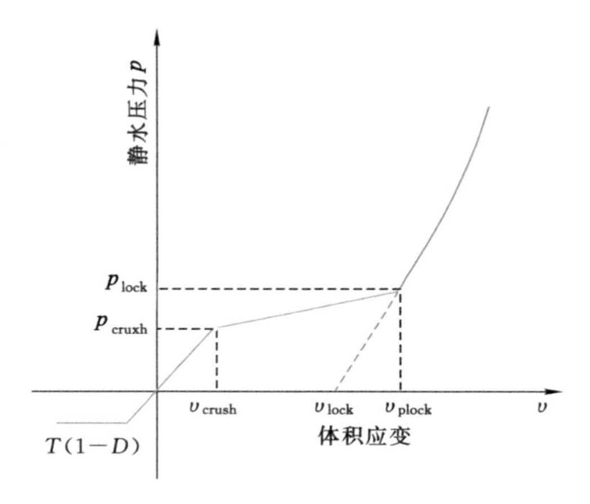

图 4-3　岩石状态方程

在弹性阶段($p<p_{crush}$)，有：

$$p = K\upsilon;\ -T(1-D) \leqslant p \leqslant p_{crush} \tag{4-13}$$

式中　p_{crush}——极限静水压力，MPa；

K——体积弹性模量；

υ——体积应变。

在塑性阶段($p_{crush}<p<p_{lock}$)，材料初始空隙和裂纹被挤压而产生塑性变形，有：

$$p = \frac{(\upsilon - \upsilon_{crush})(p_{lock} - p_{crush})}{\upsilon_{plock} - \upsilon_{crush}} + p_{crush} \tag{4-14}$$

式中　$\upsilon_{\text{plock}}, p_{\text{lock}}$——在塑性极限时的体积应变、静水压力；

υ_{crush}——在弹性极限时的体积应变。

在失效阶段（$p > p_{\text{lock}}$），材料发生完全破坏，有：

$$p = K_1\bar{\upsilon} + K_2\bar{\upsilon}^2 + K_3\bar{\upsilon}^3 \tag{4-15}$$

式中　K_1, K_2, K_3——压力常数，GPa。

4.2.3.1　力学参数

岩石基本力学参数可通过单轴压缩试验、压缩变形试验和密度试验得到。在数值计算时，主要需要材料密度、泊松比、静态单轴抗压强度、静态单轴抗拉强度及弹性模量等。材料剪切模量和体积模量可通过式(4-16)获取。岩石基本力学参数如表 4-3 所示。

$$\begin{aligned} G &= \frac{E}{2(1+\mu)} \\ K &= \frac{E}{3(1-2\mu)} \end{aligned} \tag{4-16}$$

表 4-3　岩石基本力学参数

ρ/(g/cm^3)	E/GPa	μ	f_c/MPa	T/MPa	G/GPa	K/GPa
2.59	37	0.23	7.87	121	15.04	22.84

4.2.3.2　强度参数

根据胡克-布朗强度准则，最大主应力 σ_1 与最小主应力 σ_3 存在如下关系：

$$\sigma_1 - \sigma_3 = \sigma_{\text{ci}} \cdot \left[m_b \frac{\sigma_3}{\sigma_{\text{ci}}} + s\right]^\alpha \tag{4-17}$$

式中　$\sigma_{\text{ci}} = f_c$——岩石单轴抗压强度，MPa；

m_b——材料常数，反应材料硬度水平，对于花岗岩材料取 24；

s, α——与岩石有关的常数（对于花岗岩，$s=1, \alpha=0.5$）。

花岗岩的胡克-布朗强度准则为：

$$\sigma_1 = \sigma_3 + 121 \times \left[\frac{24\sigma_3}{121} + 1\right]^{0.5} \tag{4-18}$$

为了得到公式(4-10)中的强度参数，需要对等效应力和静水压力进行归一化处理。其处理公式为：

$$\sigma^* = \frac{\sigma_1 - \sigma_3}{f_c} \tag{4-19}$$

$$P^* = \frac{\sigma_1 + 2\sigma_3}{3f_c} \tag{4-20}$$

结合式(4-17)至式(4-20),可得到等效应力和静水压力的归一化数据,如表 4-4 所示。

表 4-4　等效应力和静水压力的归一化数据

$\sigma_2=\sigma_3$/MPa	σ_1/MPa	σ^*	p^*
0	121.00	1	0.33
5	175.77	1.41	0.53
10	219.00	1.73	0.69
20	289.67	2.23	0.96
50	449.80	3.31	1.65
100	652.31	4.56	2.62

根据摩尔-库伦准则,最大主应力 σ_1 与最小主应力 σ_3 的关系满足:

$$\sigma_1=\sigma_3\frac{1+\sin\theta}{1-\sin\theta}+2c\frac{\cos\theta}{1-\sin\theta} \tag{4-21}$$

式中　c——材料的黏聚力,MPa;

　　θ——内摩擦角,(°)。

为确定黏聚力 c 和内摩擦角 θ,与把表 4-4 的数据代入式(4-21),并按照摩尔-库伦准则进行拟合,得到如图 4-4 所示的莫尔-库伦准则拟合曲线。

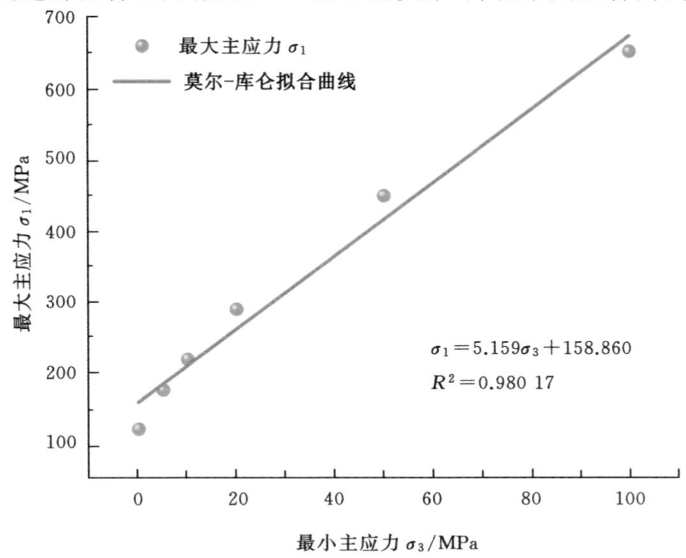

图 4-4　莫尔-库仑准则拟合曲线

根据图 4-4 和公式(4-21)可知：

$$\frac{1+\sin\theta}{1-\sin\theta}=5.15 \tag{4-22}$$

$$2c\,\frac{\cos\theta}{1-\sin\theta}=158.56 \tag{4-23}$$

通过计算可以得到黏聚力 $c=34.93$ MPa，内摩擦角 $\theta=42.45°$。当损伤系数 $D=0$ 时，将不考虑应变率效应。因此，公式(4-21)可简化为：

$$\sigma^{*}=A+Bp^{*N} \tag{4-24}$$

式中　A——无量纲黏性强度系数，$A=c/f_{c}=0.289$。

通过对公式(4-24)进行拟合，可以得到参数 $B=0.148$、$N=1.823$。屈服面拟合曲线如图 4-5 所示。

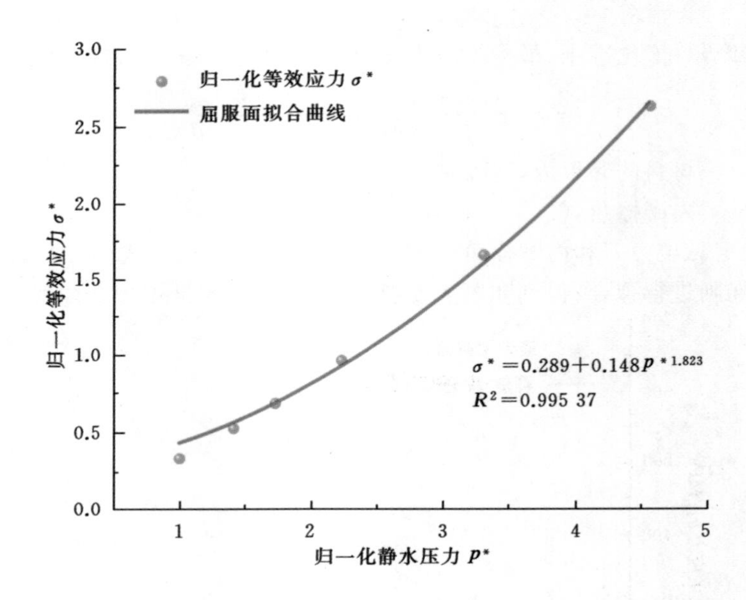

图 4-5　屈服面拟合曲线

为获取应变率影响系数 C，从归一化拉伸强度 T^{*} 出发，绘制不同应变率下等效强度曲线，如图 4-6 所示。此外，通过 $p^{*}=1/3$ 画一条垂直于横轴的辅助线，此时的交点为不同应变率下对应的等效应力。将不同应变率下归一化等效应力进行拟合，斜率为应变率影响系数。如图 4-7 所示，$C=0.055\ 56$。

图 4-1 中的 $S_{\max}$ 为归一化有效应力最大值，$S_{\max}\geqslant\sigma^{*}$。结合表 4-4 中的参

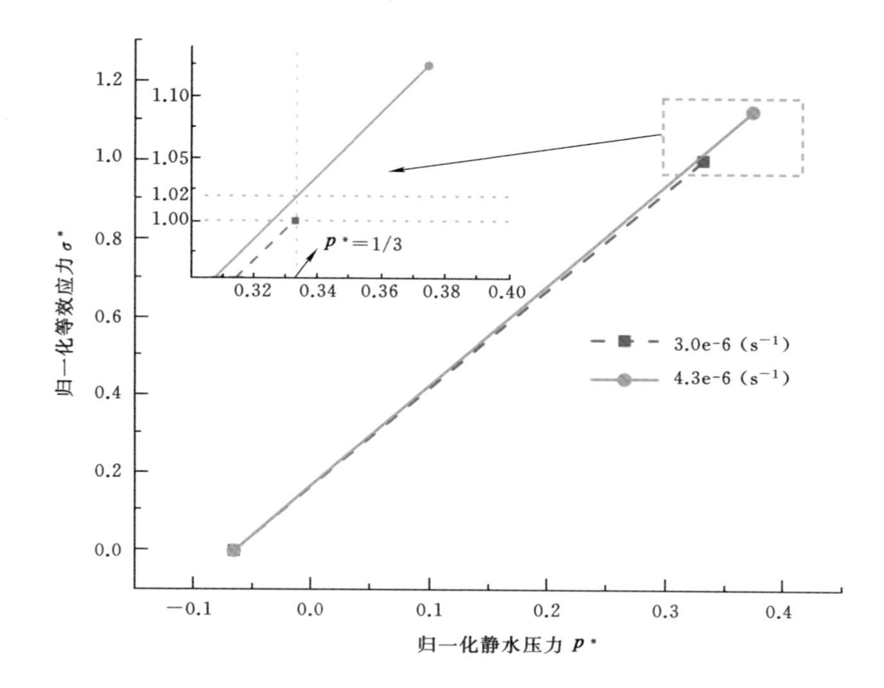

图 4-6　不同应变率下等效强度曲线

数，最终确定参数 $S_{max}=5$。

4.2.3.3　损伤模型参数

HJC 损伤模型参数主要包括：损伤系数 D_1、D_2；当材料被挤压时的最小塑性应变 EF_{min}。其中，损伤系数 D_2 和最小塑性应变 EF_{min} 设置为默认值。通过公式(4-25)可确定损伤系数 D_2 为：

$$D_2=\frac{0.01}{(1/6)+T^*} \tag{4-25}$$

4.2.3.4　压力参数

HJC 损伤模型的压力参数主要包括：K_1、K_2、K_3、p_{crush}、υ_{crush} 和 p_{lock}，如图 4-3所示。通过对花岗岩材料的单轴压缩试验和三轴压缩试验数据进行拟合，可以得到参数 $p_{lock}=12$ GPa。

其他压力参数表达式为：

$$p_{crush}=f_c/3 \tag{4-25}$$

$$\upsilon_{crush}=p_{crush}/K \tag{4-26}$$

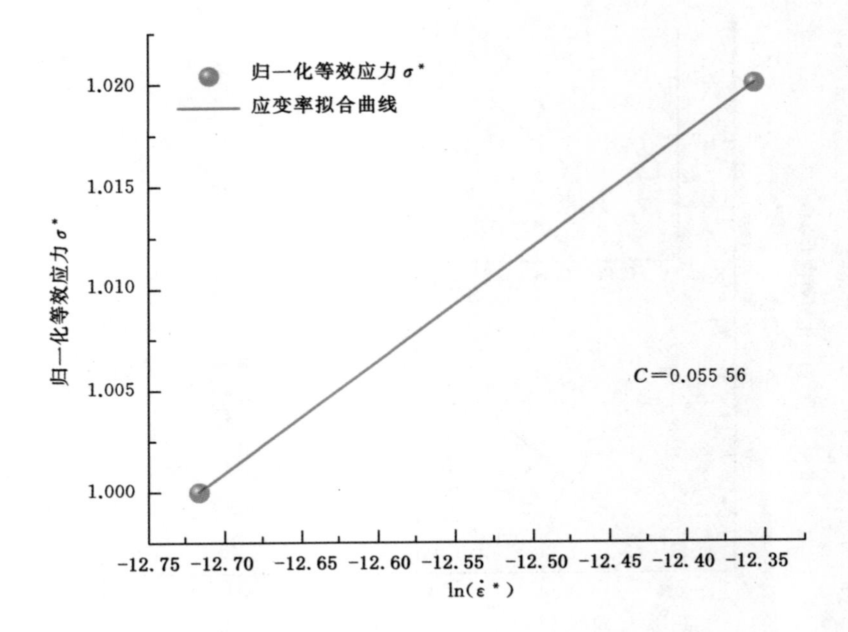

图 4-7　应变率影响系数曲线

$$\upsilon_{\text{lock}}=\frac{\rho_0/(1-q_0)}{\rho_0-1} \tag{4-27}$$

式中　K——体积弹性模量,GPa;

ρ_0——初始密度,g/cm³;

q_0——岩石孔隙率,取 1.2%。

由式(4-25)至式(4-27)可知,参数 $p_{\text{crush}}=40.33$ MPa、$\upsilon_{\text{crush}}=0.001\ 77$、$\upsilon_{\text{lock}}=0.012$。通常在没有雨果尼奥数据的情况下,相关参数可以用经验公式(4-28)进行拟合。

$$p=C_{\text{h}}^2\cdot\rho_0\cdot\bar{\upsilon}\cdot(\bar{\upsilon}+1)/\left[(1-S_{\text{h}})\bar{\upsilon}+1\right]^2 \tag{4-28}$$

式中　C_{h},S_{h}——花岗岩经验常数,$C_{\text{h}}=2\ 100$ m/s,$S_{\text{h}}=1.63$。

参数 K_1、K_2 和 K_3 通过对公式(4-10)进行拟合获得,如图 4-8 所示。其中,$K_1=12.96$ GPa,$K_2=9.267$ GPa 和 $K_3=7.505$ GPa。因此,HJC 损伤模型所需要的参数如表 4-5 所示。

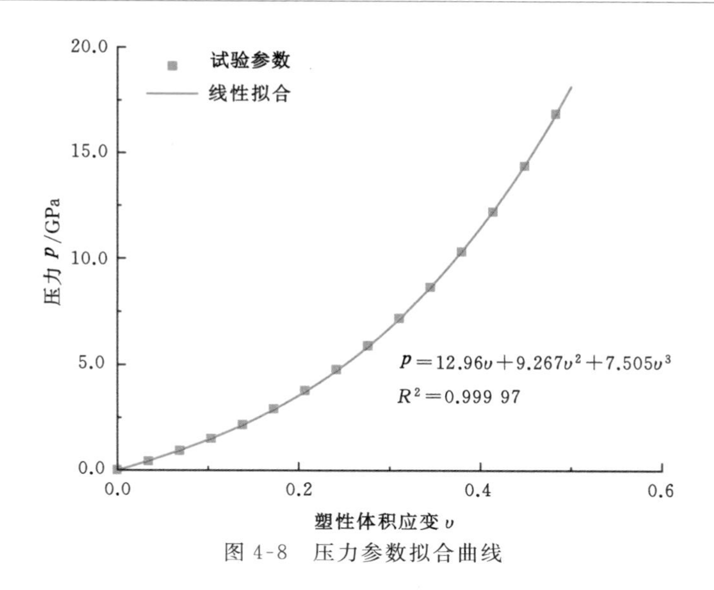

图 4-8　压力参数拟合曲线

表 4-5　HJC 损伤模型参数

参数	数值	参数	数值	参数	数值	参数	数值
ρ_0(g/cm³)	2.59	S_{max}	5	D_1	0.04	υ_{lock}	0.012
f_c/MPa	121	G/GPa	15.04	D_2	1.0	K_1/GPa	12.96
A	0.288 7	T/MPa	7.87	p_{crush}/MPa	40.33	K_2/GPa	9.267
B	0.148	N	1.822 8	υ_{crush}	0.001 77	K_3/GPa	7.505
C	0.056	EF_{min}	0.01	p_{lock}/GPa	1.2	F_s	0.11

4.3　单炮孔爆轰波传播及裂纹扩展分析

4.3.1　数值计算模型及算法选择

考虑到结构的对称性，为缩短求解时间，采用 1/4 数值计算模型。该模型下边界采用约束垂直方向位移，水平采用约束水平方向位移。为更加真实反映岩体受围岩应力的影响，圆周体采用透射边界条件，用以反映该模型外的无限空间状态，以减少反射波的影响。数值计算模型约束条件和几何尺寸如图 4-9 所示。

图 4-10 所示为单炮孔数值计算模型。图 4-10(a)所示为常规爆破时的中心

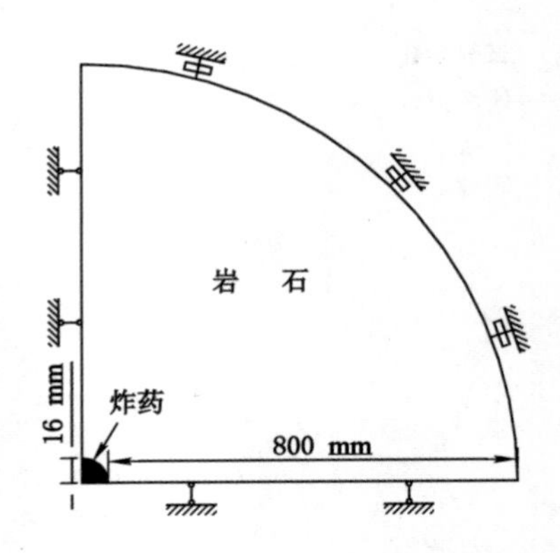

图 4-9　数值计算模型约束条件和几何尺寸

起爆，起爆点设置在炸药顶端的中心；图 4-10(b)所示为爆轰波聚能爆破时的对称导爆索起爆，红色长条形部分代表导爆索等高能炸药，且起爆点设置在高能炸药的顶端。

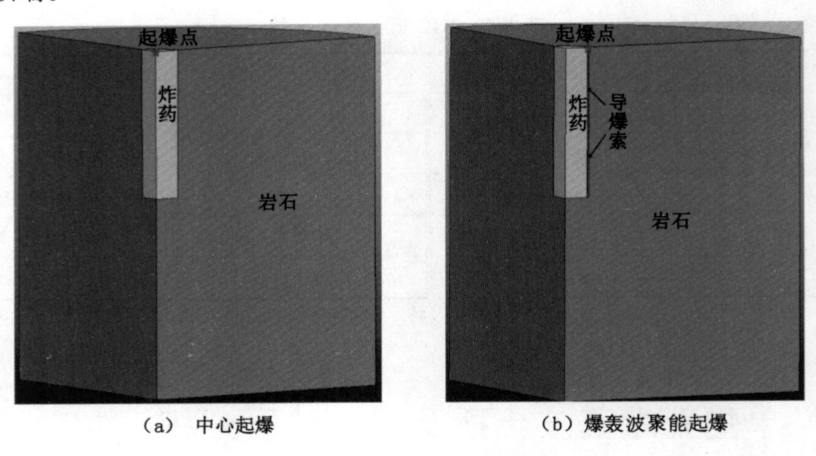

(a)　中心起爆　　(b) 爆轰波聚能起爆

图 4-10　单炮孔数值计算模型

在进行爆炸分析中，LS-DYNA 软件可供选择的算法包括拉格朗日算法、ALE 算法、欧拉算法和光滑粒子流体动力学(Smoothed Particle Hydrodynamics，SPH)算法。

拉格朗日算法通常适用于固体力学。该算法的网格固定在材料上，随物体一起流动。由于物质点与网格间不存在相对运动，该算法大大简化控制方程的求解过程。但当材料变形较大时，该算法往往造成网格严重畸变，导致求解困难,甚至造成计算终止。

欧拉算法的网格固定在材料中的空间点,与分析模型之间没有依附关系。网格不随物体的变形而运动。因此该算法可以克服网格严重畸变的问题。但在求解爆炸的过程中,该算法往往不能真实反映结构状态。

ALE 算法的网格可以理解为以上两种算法网格的重叠,一个为空间点网格,一个为依附在结构上的网格,并随着结构在空间网格中运动。该算法在计算时先执行短暂的拉格朗日时步,此时网格保持材料变形后的结构边界条件,对内部单元进行网格重分,将变形网格中的单元变量和节点速度矢量等输运到重分后的网格中,然后执行 ALE 时步计算。

对于模拟岩石在爆炸作用下的破裂过程,采用流固耦合算法是最为合适的。炸药及其他流体材料采用欧拉算法。为了能够直观观察岩石裂纹扩展状态,采用拉格朗日算法研究岩石结构,应用流固耦合算法处理不同结构间的相互作用。

4.3.2　爆轰波传播及碰撞过程

为了方便观察爆轰波的传播过程和碰撞过程,选取主装药(Part2)作为观察对象。如图 4-11 所示,从爆轰波传播过程可知:① 对于中心起爆,$t=0.98\ \mu s$ 时,主装药被起爆,随后爆轰波沿球面向周边传播;$t=7.98\ \mu s$ 时,爆轰完毕。② 对于爆轰波聚能起爆,$t=0.98\ \mu s$ 时,导爆索被起爆,爆轰波逐层往中心传播。$t=7.95\ \mu s$ 时,爆轰波在中心处发生碰撞;根据爆轰波碰撞理论,此时爆轰波入射角为 0°,发生正碰撞。随后,两爆轰波互相为固壁,以斜入射的方式发生反射,并且入射角逐渐增大。当 $t=10\ \mu s$ 时,入射角达到马赫反射产生的条件,马赫反射形成,爆轰波以该形态传播至固壁。

依次选取稳定爆轰时、正碰撞时和马赫反射点处的爆轰压力,绘制爆轰压力曲线,如图 4-12 所示。从图 4-12 中可以看出,炸药达到稳定爆轰时的爆压值为 4.27 GPa。采用爆轰波聚能时,当两爆轰波在中心处发生正碰撞时,其爆压可增加至 9.92 GPa,较 C-J 稳定爆轰时的增长 2.32 倍;随后爆轰波以斜入射的方式发生碰撞,直到入射角达到一定值时形成马赫反射,此时的最大爆压值可达到 13.46 GPa,较稳定爆轰时的增加 3.15 倍。

根据数值计算时爆轰波聚能方向上单元网格的位置,应用几何关系求得爆轰波斜碰撞时的入射角,应用爆轰波碰撞聚能全过程分析中的爆轰压力求解方法求得该单元网格处的爆轰压力;并与数值计算时单元网格上的最大爆轰压力值进行对比,得到爆轰波入射角为 42.8°～55.4°的爆轰压力对比曲线。理论计算和数值模拟的爆压曲线如图 4-13 所示。计算机网格划分和求解步长导致爆压理论计算值与数值计算值存在一定的误差,该误差最大为 5.2%,但仍可反映爆

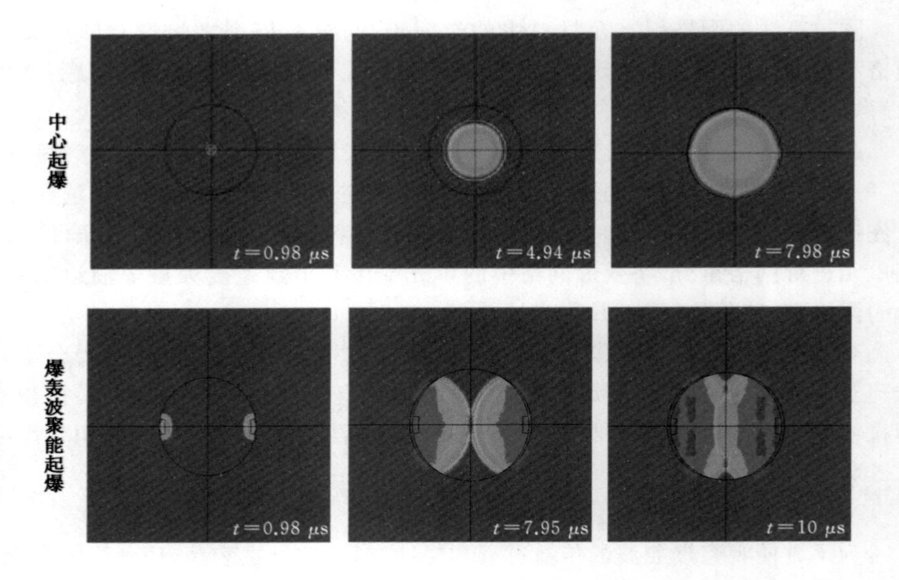

图 4-11 爆轰波传播过程

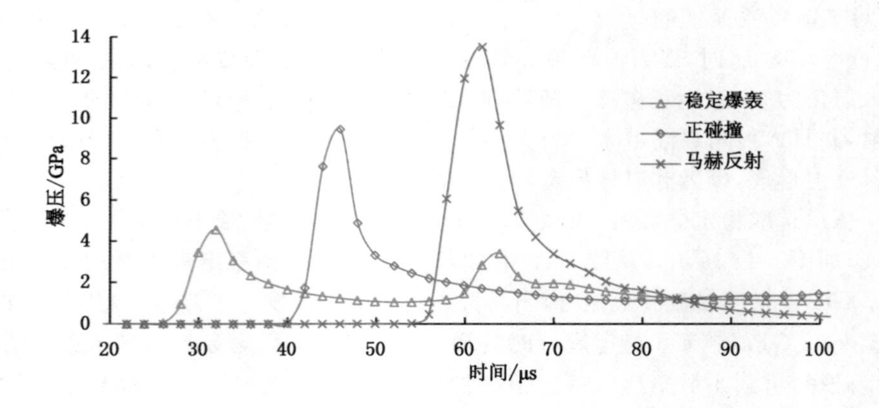

图 4-12 爆轰压力曲线

轰波聚能爆破时爆轰压力急剧增大的规律以及随着入射角增大,爆轰压力逐渐降低的过程。爆压理论计算和数值计算结果均表明,爆轰波碰撞聚能的马赫反射可以使大量能量汇聚在狭小的空间内,形成很强的高压区域。

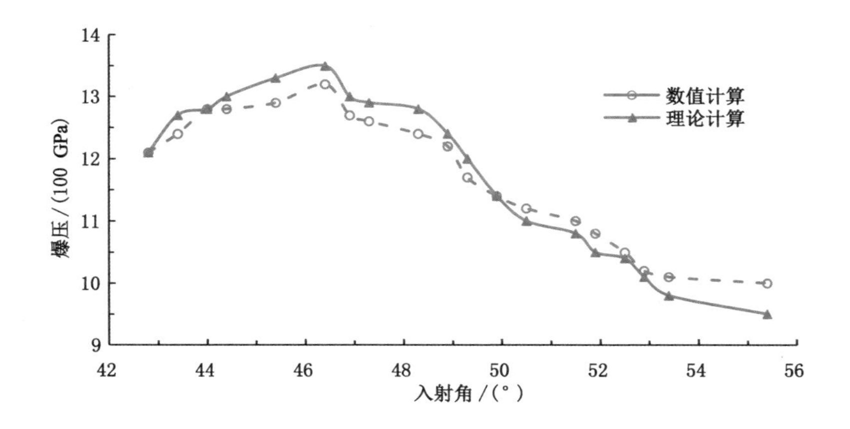

图 4-13　理论计算和数值计算爆轰压力曲线

4.3.3　岩石爆生裂纹扩展过程

通过模拟岩石在两种不同起爆形式下的爆破裂纹扩展情况，对比分析中心起爆和爆轰波聚能起爆两种起爆形式对岩石爆破作用效果的影响。为观察两种情况下岩石破碎过程，选取全区域对称面进行分析。

岩石爆生裂纹形成过程如图 4-14 所示。① 当中心起爆时，爆轰波传播至孔壁表面，此时的爆轰压力远大于岩石本身的抗压强度，造成孔壁处的岩石先发生破坏($t=15.94$ μs 时)。在中心起爆形式下，爆炸破坏范围和爆炸后岩石轮廓相对比较均匀。随着冲击波压力的衰减，当岩石破碎区形成后，冲击波压力向远处传播，在岩石破碎区周围出现径向主裂纹，并伴随有不连续支裂纹出现。② 当爆轰波聚能起爆时，由于爆轰波聚能碰撞作用，在中心轴线两侧先形成较大的爆破裂纹，随后裂纹往四周延展，最终形成不规则的破碎区。

对于岩石爆破裂隙区的范围大小，各经验公式及数值模型试验的结果相差较大，而爆破破碎区面积相差不大。两种起爆方式下的破碎区半径基本相等，只是在爆轰波聚能起爆时出现了一条宽度较大的裂缝。该裂缝对工程爆破中炮孔间裂缝的扩展有着很好的贯通作用。单炮孔岩石爆生裂纹扩展动态虽然因为网格细化和计算时长，没有得到岩石破碎裂纹物理试验时的微细裂纹，但爆轰波聚能起爆下出现的较大裂缝，仍可反映有机玻璃试验中较长裂缝及岩石裂纹扩展试验中 6 mm 较宽裂纹的生成状态。

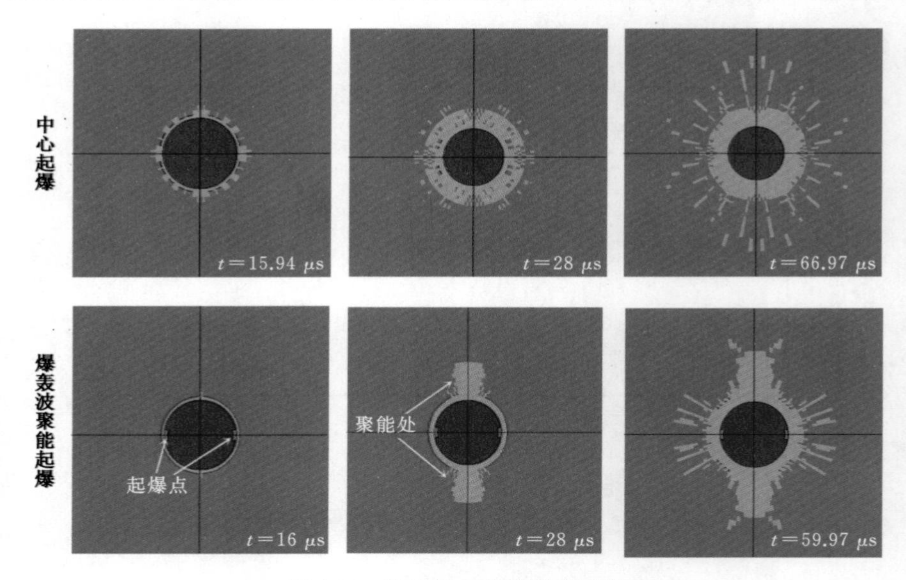

图 4-14　岩石爆生裂纹形成过程

4.4　双炮孔岩石爆破裂纹扩展数值模拟研究

4.4.1　数值模型建立

为了直观反映中心起爆和爆轰波聚能起爆形式下的炮孔间爆轰波传播和裂纹扩展过程，应用流固耦合算法，采用与单炮孔相同的炸药岩石参数进行数值模拟计算。建立双炮孔数值模拟计算模型，如图 4-15 所示。

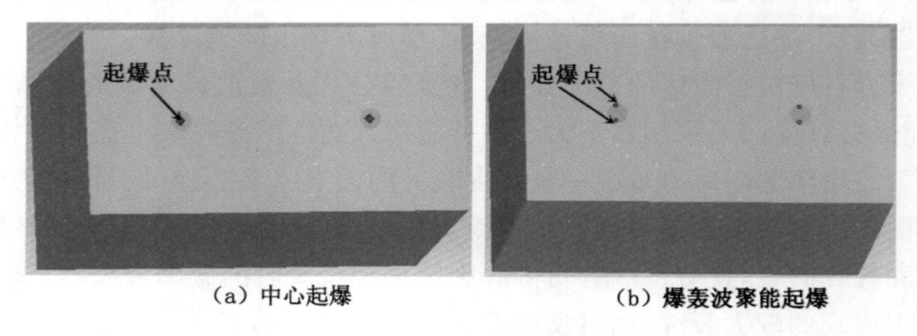

(a) 中心起爆　　(b) 爆轰波聚能起爆

图 4-15　双炮孔数值模拟计算模型

4.4.2 数值模拟结果分析与讨论

（1）爆生裂纹扩展

炸药爆炸产生的冲击波会在炮孔间产生碰撞和叠加的现象。相较于单孔爆破，双炮孔的裂纹传播要复杂得多。两种起爆形式下，双炮孔间裂纹扩展过程如图 4-16 所示。

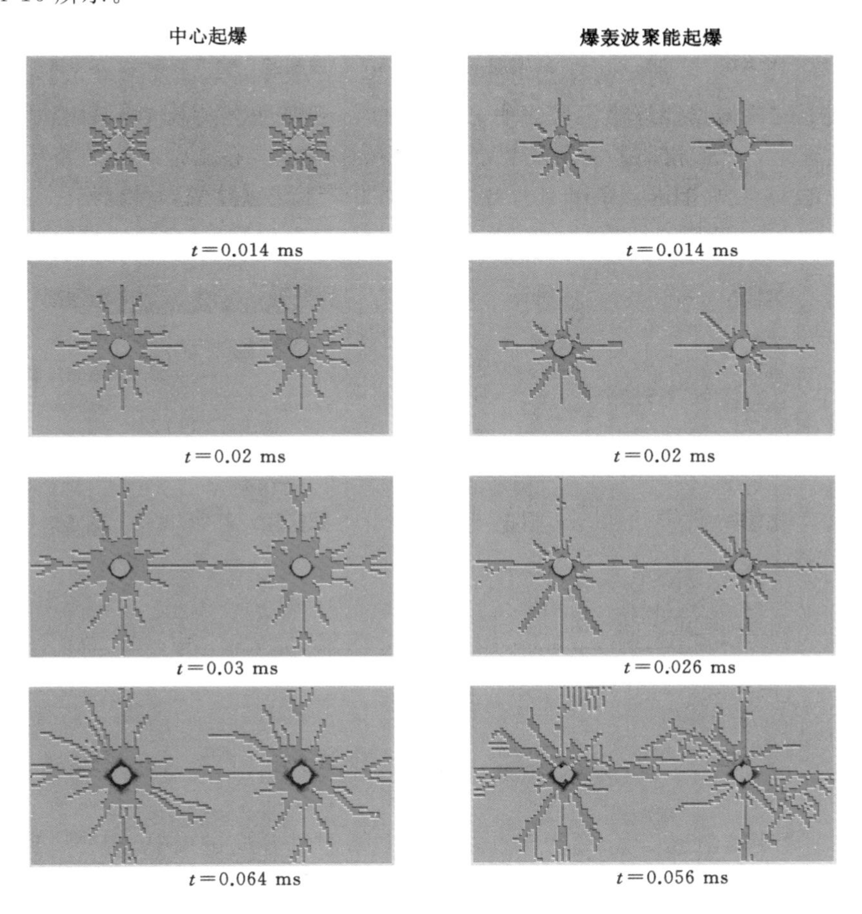

图 4-16　双炮孔间裂纹扩展过程

由图 4-16 可知：在 0.014 ms 时，中心起爆形式下形成均匀的环形裂纹，而爆轰波聚能起爆形式下在起爆点和中心轴线上形成大的裂纹。随后，中心起爆形式下在炮孔附近形成破碎圈，且在 0.03 ms 时形成贯通裂纹；爆轰波聚能起爆形式下在炮孔附近并未见明显破碎区域，且贯通裂缝形成时间也较在中心起爆形式下的快 4 μs。爆轰波聚能起爆形式下作用时间较中心起爆形式下的缩短 14.29%。爆轰波聚能起爆形式下形成的微细裂纹条数多于中心起爆形式下的。由此可知，爆轰波聚能爆破有着裂纹宽、裂隙多和作用时间短的特点。

（2）岩石中冲击压力对比

两炮孔连线中心点处冲击波压力对比曲线如图 4-17 所示。两种起爆形式下冲击波峰值时间几乎相同，但采用爆轰波聚能起爆时的最大冲击波压力为 105 MPa，超过了岩石自身的屈服强度 75 MPa，较中心起爆时的增加约 84.21%。爆轰波聚能起爆时的冲击波压力在 11 μs 时最先显现出来，说明该起爆形式下的冲击波到达时间要比中心起爆的早，爆破作用时间短。根据相关爆炸力学理论，在爆炸能量相同的情况下，作用时间越短，在孔壁岩石上产生的初始压力越大，对周围介质的破坏性越大，亦说明爆轰波碰撞聚能可以增强爆破作用效果。

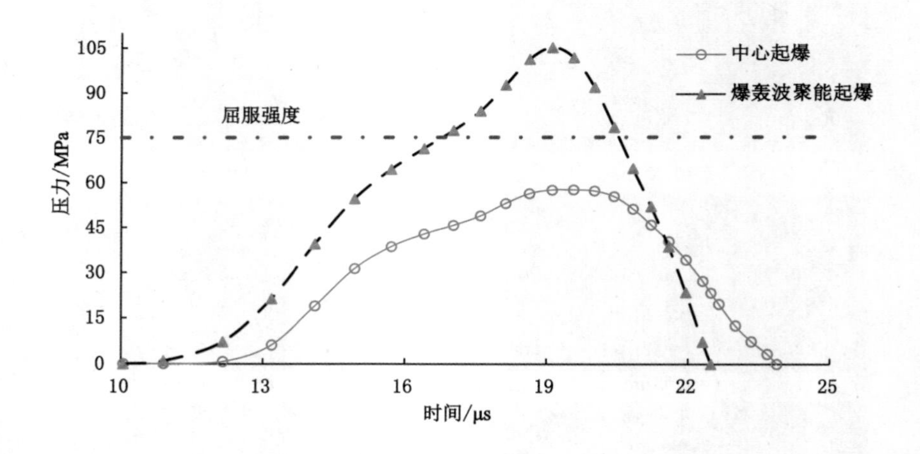

图 4-17　两炮孔连线中心点处的冲击波压力对比曲线

（3）应变能对比

图 4-18 给出了两种起爆形式下应变能的变化曲线。应变能走势与冲击波压力曲线所示的类似。爆轰波聚能起爆时的应变能峰值为 21 J/kg，约为中心起爆时的 3 倍。增大的应变能是两炮孔中心线处形成分支裂纹的基础。分支裂纹的出现破坏了岩体本身的结构完整性，致使岩体更加破碎。若能够将数值模拟结果应用到工程爆破实践中，则可能会解决工程爆破过程中大块率高的问题，避免爆后岩体的二次破碎需求，提高施工铲装效率。

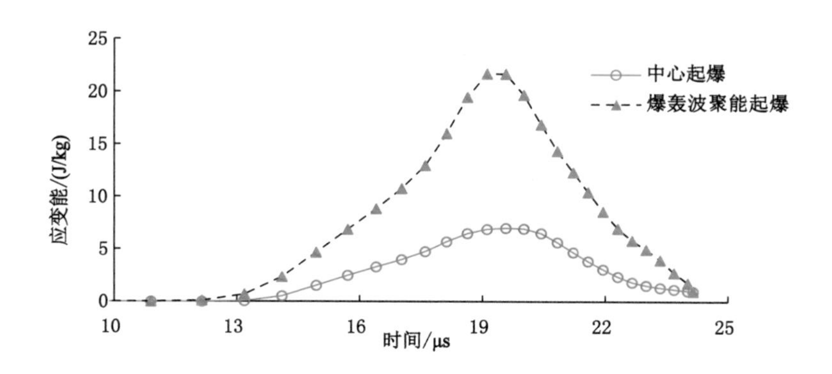

图 4-18 两种起爆形式下应变能变化曲线

4.5 轴向爆轰波传播特性数值模拟分析

4.5.1 有限元模型建立

建立小尺寸爆破仿真模型，分析柱形药柱在不同起爆方式下炸药内部爆轰波传播规律。根据工程常用 2 号岩石乳化炸药和导爆索参数，乳化炸药直径选取 32 mm，导爆索直径设置为 4 mm，柱形药柱长度设置为 300 mm。为保证求解精度，选择划分小尺寸网格。利用对称性原理，建立 1/4 模型以减少求解时间和提升计算效率。模型上表面设置为自由边界，模型下表面和柱形药柱外围设置为无反射边界（透射边界），模型截面设置为对称边界。有限元模型如图 4-19 所示。在图 4-19 中，直线 *k-k* 为柱形药柱中心线，直线 *m-m* 为柱形药柱能量聚集边缘，1 号点至 6 号点为爆轰压力监测点。

4.5.2 二维平面爆轰波传播特性分析

二维平面爆轰波碰撞过程如图 4-20 所示。当 $t=0.3$ μs 时，对称布置的导爆索被起爆，随后爆轰波呈弧形波阵面向药卷中心传播。当 $t=3.4$ μs 时，爆轰波在药卷中心发生碰撞，在理论上此时碰撞夹角为 0°，爆轰波发生正碰撞（如图 4-20中 *B* 点所示）。随着爆轰波持续传播，碰撞角度增大，爆轰波开始以斜入

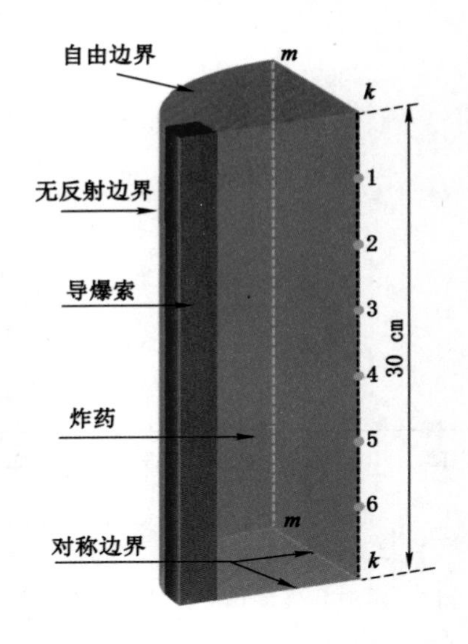

图 4-19　有限元模型

射的方式发生反射。当 $t=5.4\ \mu s$ 时，爆轰波碰撞超过一定角度，产生马赫反射现象(如图 4-20 中 C 点所示)。

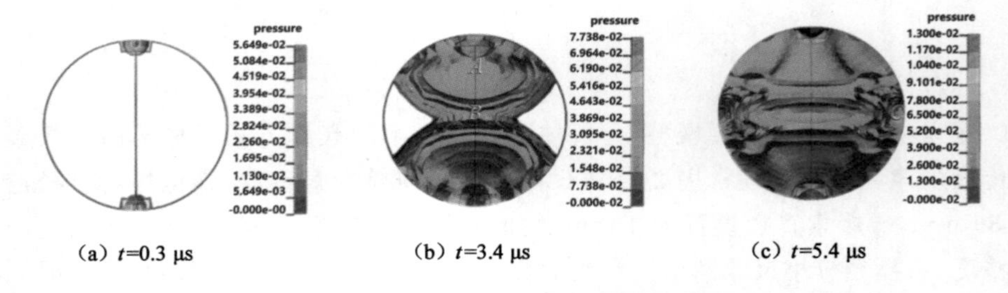

(a) t=0.3 μs　　(b) t=3.4 μs　　(c) t=5.4 μs

图 4-20　二维平面爆轰波碰撞过程

为了分析二维平面爆轰波碰撞时爆轰压力值之间的关系，在柱形药柱顶面选取稳定爆轰监测点 A、正碰撞监测点 B 及马赫反射监测点 C[见图 4-20(b)和图 4-20(c)]，绘制爆轰压力时间历程曲线，如图 4-21 所示。由图 4-21 可知，炸药达到稳定爆轰时压力值为 3.6 GPa。随着主装药内爆轰波持续传播，在监测点 B 处爆轰波发生正碰撞，此时爆轰压力值达到 6.73 GPa，为稳定爆轰压力值的 1.87 倍。随后，爆轰波开始以斜入射的方式产生斜碰撞。当入射角达到一定值时，在监测点 C 处达到马赫反射条件，爆轰压力值突跃至 12.6 GPa，此时爆轰压力是稳定爆轰压力的 3.5 倍。

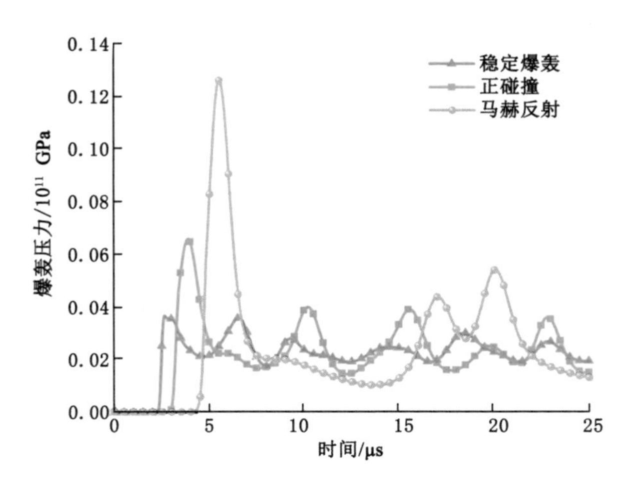

图 4-21　爆轰压力时间历程曲线

4.5.3　不同起爆方式下爆轰波传播特性分析

为研究不同起爆方式下柱形药柱轴向爆轰波的传播特性，分别建立双线性对称起爆模型和中心点起爆模型（见图 4-19）。在药卷中心线 k-k 上按 50 mm 的间距设置 6 个监测点，其中 1 号监测点距离药卷顶面 25 mm。

双线性对称起爆方式下爆轰波碰撞应力云图如图 4-22 所示。由图 4-22 可知，$t=3.8$ μs 时，爆轰波以球面波的形式在药卷中心发生碰撞；随着碰撞角度增大，爆轰波逐渐趋于弧形波阵面。$t=23.6$ μs 时，由于导爆索起爆位置与主装药爆轰波阵面逐渐拉开差距，药卷中心不再是球面波碰撞，而是呈现两股持续不断的爆轰波向药卷中心运动并发生碰撞。$t=40$ μs 时，导爆索已基本起爆完成，随后主装药爆轰波波阵面传播至柱形药柱底端，与导爆索形成的反射波发生二次碰撞，如图 4-22(e)所示。

由图 4-22 还可以看出，相同时段内爆轰压力最大值位于柱形药柱非起爆侧轴线上（简称聚能边缘，如图 4-19 中直线 m-m 所示）。聚能边缘的存在可有效提升柱形药柱在轴向爆轰压力分布，有利于炮孔周边初始裂纹的形成与扩展。

中心点起爆方式下爆轰压力云图如图 4-23 所示。由图 4-23 可以看出，当采用中心点起爆方式时，爆轰波呈球面向下传播，在 $t=7.7$ μs 后产生少量稀疏波，随后爆轰波向下传播；$t=62$ μs 时爆轰波传播至柱形药柱底端，这种起爆方式下耗时比双线性对称起爆方式下耗时增加约 24%。

通过对中心点起爆爆破和对称双线性起爆爆破进行数值模拟研究，绘制不

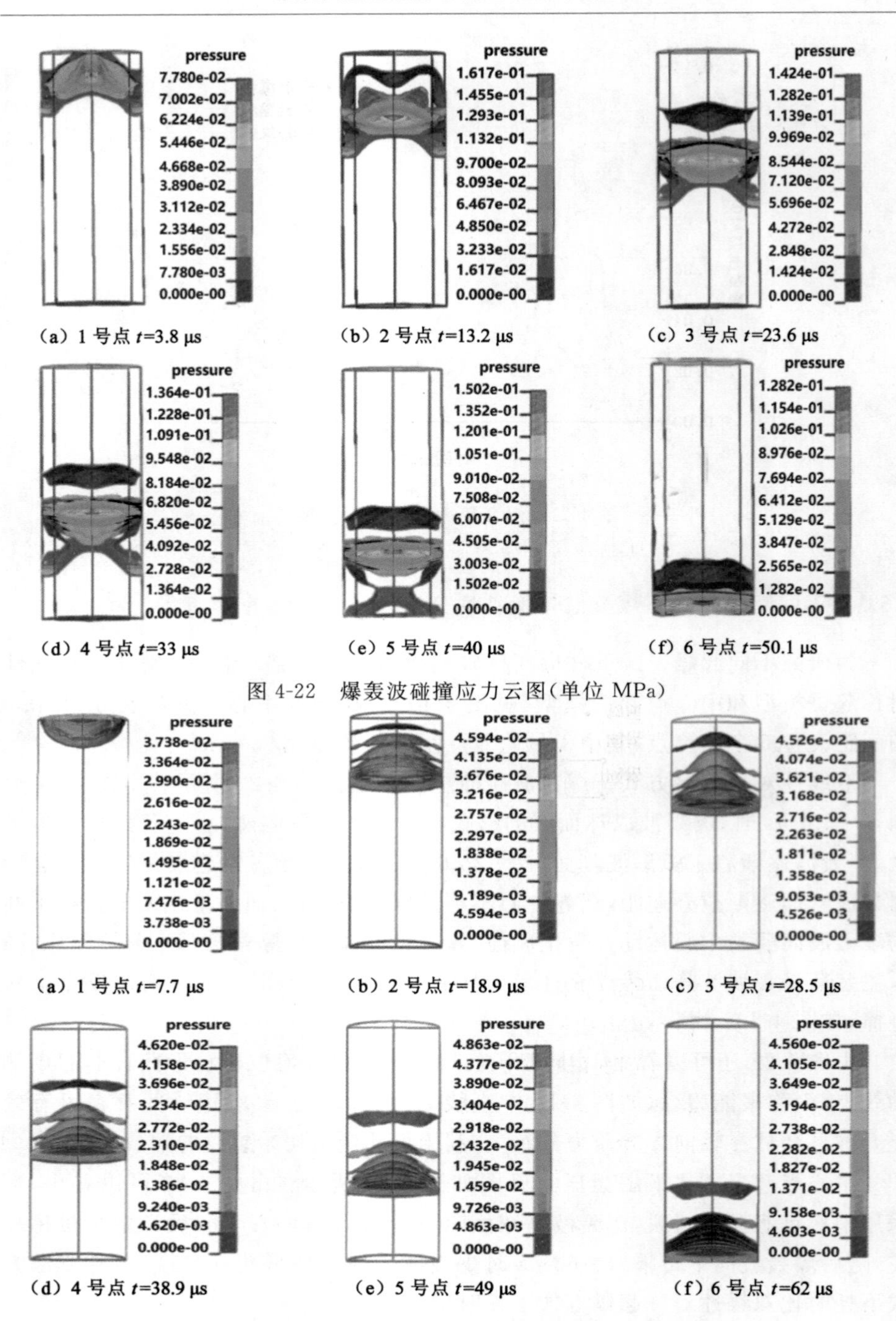

（a）1 号点 t=3.8 μs　（b）2 号点 t=13.2 μs　（c）3 号点 t=23.6 μs

（d）4 号点 t=33 μs　（e）5 号点 t=40 μs　（f）6 号点 t=50.1 μs

图 4-22　爆轰波碰撞应力云图(单位 MPa)

（a）1 号点 t=7.7 μs　（b）2 号点 t=18.9 μs　（c）3 号点 t=28.5 μs

（d）4 号点 t=38.9 μs　（e）5 号点 t=49 μs　（f）6 号点 t=62 μs

图 4-23　中心点起爆方式下爆轰压力云图(单位 MPa)

同起爆方式下爆轰压力曲线，如图 4-24 所示。随着装药高度增加，采用中心点起爆方式时平均爆轰压力值维持在 4.67 GPa 左右。而采用对称双线性起爆方式时，柱形药柱中心爆轰压力值稳定在 7～8 GPa；当爆轰波接近柱形药柱底端时，爆轰压力值瞬间提升至 12.6 GPa。在聚能边缘 *m-m* 上按 50 mm 的间距设置 6 个监测点。随着碰撞角度变化，爆轰波碰撞达到了马赫反射条件，聚能边缘上爆轰压力值可达到 15.4 GPa。在此状态下，爆轰波到达柱形药柱底端时与反射波发生碰撞，使得爆轰压力值突跃至 19.1 GPa，为采用中心点起爆方式下的 4.09 倍。

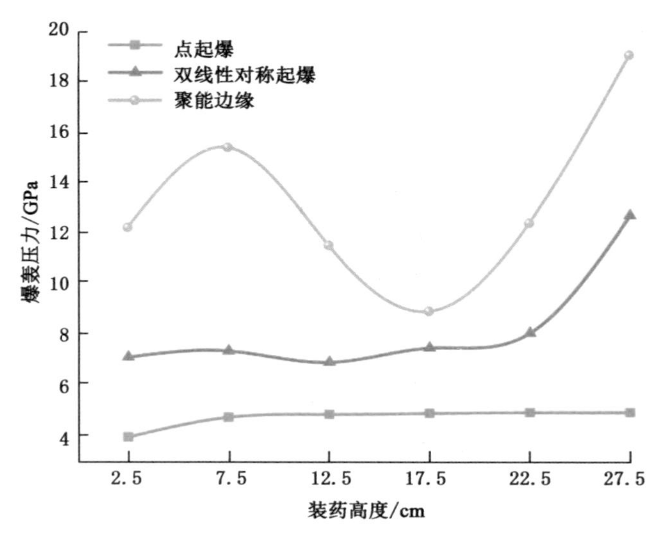

图 4-24　不同起爆方式下爆轰压力曲线

4.6　基于物质点法的炸药猛度试验动态分析

为了分析炸药猛度试验时爆轰波碰撞聚能作用下的猛度值降低的原因，采用数值模拟方法更能直观反映爆轰波和冲击波的传播碰撞及铅柱压缩过程。但现有的有限元方法在求解过程中，往往由于网格大变形使求解的稳定时间积分步长变得极小而求解失败。网格畸变也可能使网格单元产生负体积，致使计算无法继续进行。即使应用避免网格大变形问题的欧拉方法，由于非线性对流项的影响，也难于精确描述物质界面。物质点法（Material Point Method，MPM）作为一种最前沿的物质质点参数研究方法，起源于流体力学流域的质点网格法。

因同时兼备拉格朗日算法和欧拉算法的优点，物质点法被广泛应用于处理大变形及多介质耦合问题。物质点法已被广泛应用于爆炸与冲击动力学的研究。

4.6.1 物质点法相关理论

物质点法仍采用拉格朗日质点和欧拉网格的双重描述。如图 4-25 所示，该方法将连续体离散成一组带有质量的质点。每个质点都携带物质的质量、速度和应力等属性信息。质点的运动代表物质的变形。在每一个时间步中，物质点和单元网格完全固连。求解时将物质点所携带的物质信息映射到网格点处，建立运动方程。求解后将网格点的运动量返回到各物质点，得到下一步物质点的运动量。在下一步中，物质点就会抛弃变形后的网格单元，以新的运动量和未变形的网格单元进行求解，避免拉格朗日算法因网格畸变导致求解困难的现象。

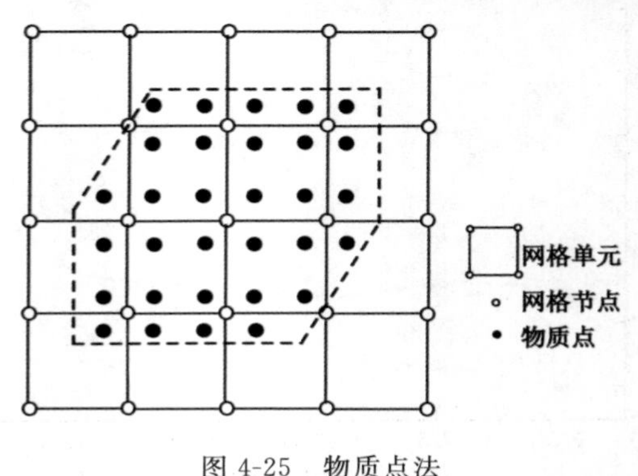

图 4-25　物质点法

如果不考虑热传导效应，物质点法在冲击动力学中应满足三大守恒方程。

(1) 连续性方程

$$\frac{\mathrm{d}\rho}{\mathrm{d}t}+\rho\,\nabla\cdot\boldsymbol{v}=0 \tag{4-28}$$

式中　$\boldsymbol{v}=v(x,t)$——物质点速度矢量；

$\rho=\rho(x,t)$——质量密度；

$\nabla\cdot\boldsymbol{v}$——速度域 $\boldsymbol{v}$ 的散度。

(2) 动量方程

$$\rho a=\nabla\cdot\sigma+b \tag{4-29}$$

式中　a——加速度；

$\sigma=\sigma(x,t)$——柯西应力张量；

$\nabla\cdot\sigma$——柯西应力张量 σ 的散度；

b——单位质量的体力。

(3) 能量方程

$$\rho \frac{\mathrm{d}e}{\mathrm{d}t}=\sigma : \dot{\varepsilon}+v \cdot b \tag{4-30}$$

式中　e——现时构型的单位质量内能；

$\dot{\varepsilon}=\dot{\varepsilon}(x,t)$——应变率张量。

如果把物质点当作在任何时刻都不变化的质量集中点，那么连续方程(4-28)自然满足。以试函数 ω 乘式(4-30)并在区域 Ω 内积分，则得式(4-31)所示的弱形式：

$$\int_{\Omega}\rho w \cdot a\,\mathrm{d}\Omega+\int_{\Omega}\rho\sigma^{s}:\nabla\omega\,\mathrm{d}\Omega=\int_{\Omega}\rho b \cdot w\,\mathrm{d}\Omega+\int_{\Gamma}\tau \cdot \omega\,\mathrm{d}S \tag{4-31}$$

式中　$\mathrm{d}\Omega$，$\mathrm{d}S$——微分体积元和面积元；

σ^{s}——比应力张量($\sigma^{s}=\sigma/\rho$)；

Γ——定应力的边界，此边界上应力为 τ，在指定的位移边界上 ω 为零。

物质点法将连续体离散为一系列的物质点。这些物质点携带各种物理量，并根据所受的内力(物质点间的相互作用)和外力(体力或外载荷)在背景网格中运动。每个物质点的质量在整个求解过程中不变，故满足质量守恒方程。物质点密度可近似表示为狄拉克函数(δ 函数)形式，即：

$$\rho(x,t)=\sum_{i=1}^{N_i} m_i\delta(x-x_i^t) \tag{4-32}$$

式中　N_i——离散的物质点的数量；

m_i——物质点质量；

x_i^t——t 时刻物质点的物质矢量。

把式(4-32)带入动量方程的弱形式，可得到如下求和形式：

$$\sum_{i=1}^{N_i} m_i\omega(x_i^t,t) \cdot a(x_i^t,t)=\sum_{i=1}^{N_i} m_i\sigma^{s}(x_i^t,t):\nabla w(x,t)\big|_{x_i^t}+\sum_{i=1}^{N_i} m_i\omega(x_i^t,t) \cdot \sigma^{s}(x_i^t,t)/h+\sum_{i=1}^{N_i} m_i\omega(x_i^t,t) \cdot b(x_i^t,t) \tag{4-33}$$

式中　h——边界层厚度。

为了求解计算网格上的动量方程和空间梯度，需要布置固定于空间的单元网格。用网格节点参数(位移、速度、加速度等)φ_i^t 进行映射计算可得到物质点的相关参数，其映射关系表示为：

$$\varphi_i^t=\sum_{i=1}^{N_i}\varphi_i^t N_i(x_i^t) \tag{4-34}$$

考虑到试函数的任意性，最终运动方程可写成为下面的节点离散形式：

$$\boldsymbol{m}_i^t a_i^t = (\boldsymbol{f}_i^t)^{\text{int}} + (\boldsymbol{f}_i^t)^{\text{ext}} (i=1,2,\cdots,N_n) \tag{4-35}$$

式中，节点集中质量矩阵为：

$$\boldsymbol{m}_i^t = \sum_{i=1}^{N_n} m_i N_i (x_i^t) \tag{4-36}$$

节点内力矢量为：

$$(\boldsymbol{f}_i^t)^{\text{int}} = -\sum_{i=1}^{N_i} m_i \sigma_i^{s,t} \cdot \nabla N_i \big|_{x_i^t} \tag{4-37}$$

节点外力矢量为：

$$(\boldsymbol{f}_i^t)^{\text{ext}} = b_i^t + c_i^t \tag{4-38}$$

$$b_i^t = \sum_{i=1}^{N_i} m_i b(x_i^t, t) N_i (x_i^t) \tag{4-39}$$

$$c_i^t = \sum_{i=1}^{N_i} m_i c_i^{s,t} N_i (x_i^t)/h \tag{4-40}$$

物质点法一个完整的计算循环通常包括：① 初始化阶段，将物质点所携带的信息参数映射到网格节点上，形成网格节点的运动方程；② 拉格朗日计算阶段，在运动方程的基础上获得网格节点的运动信息，并将其映射到物质点上；③ 重新计算阶段，根据材料本构方程获得物质点上的信息。在整个计算过程中通过两次映射避免了对网格的依赖。

4.6.2 数值分析模型

为了求解的真实性，数值分析模型（见图 4-26）按铅柱压缩试验参数设定。铅柱高度为 60 mm，直径为 40 mm；钢板直径为 41 mm，高度为 10 mm；炸药高度为 42 mm，直径为 40 mm。应用 MPM 前处理程序 SPM2.0 划分三维网格单元。每个单元内取 8 个物质点。导爆索作为起爆药从炸药的对称端插至炸药底部。火工品材料参数采用爆轰波碰撞聚能模拟时的参数。铅柱和钢板采用约翰逊-库克模型和格吕内森状态方程。

约翰逊-库克本构模型表达式为：

$$\sigma = (A + B\bar{\varepsilon}_{\text{p}}^{n})(1 + C\ln \dot{\varepsilon}^{*})\left[1 - \left(\frac{T - T_r}{T_{\text{m}} - T_r}\right)^m\right] \tag{4-41}$$

式中 $\bar{\varepsilon}_{\text{p}}$——等效塑性应变；

$\dot{\varepsilon}^{*}$——等效塑性应变率；

T_{m}——熔化温度；

T_{r}——外界温度；

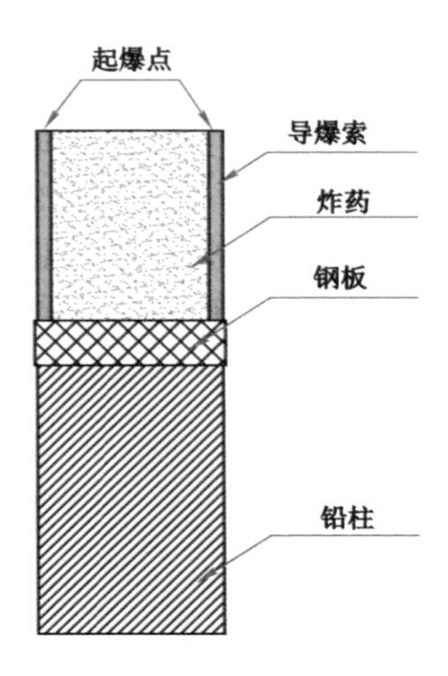

图 4-26　炸药猛度试验数盾分析模型

其他为与材料有关的参数。

格吕内森方程表达式为：

$$p=\frac{\rho_0 C^2\mu\left[1+\left(1-\frac{\gamma_0}{2}\right)\mu-\frac{a}{2}\mu^2\right]}{\left[1-(S_1-1)\mu-S_2\frac{\mu^2}{\mu+1}-S_3\frac{\mu^3}{(\mu+1)^2}\right]^2}+(\gamma_0+a\mu)E \qquad (4\text{-}42)$$

式中　$\mu=\rho/\rho_0-1$；

C,S_1,S_2,S_3——平面冲击绝热拟合参数；

γ——格吕内森系数；

E——杨氏模量；

其他为与材料相关的参数。

铅柱和钢板材料参数见表 4-6。

表 4-6　铅柱和钢板材料参数

指标	$\rho/(\mathrm{g/cm^3})$	E/GPa	A/GPa	B/GPa	n	C	m	T_m/K
铅柱	11.35	7	0.265	0.426	0.34	0.205 1	1	625
钢板	7.83	—	0.792	0.510	0.26	0.014 0	1.03	1 793
指标	T_r/K	γ_0	C	S_1	S_2	S_3	a	
铅柱	298	2.77	3.772	0.785	0	0	2.77	
钢板	294	1.67	0.456 9	1.490	0	0	1.67	

介质间采用下式进行耦合计算：

$$f_i \propto \sum_{f}(\nabla\cdot\sigma_f)V_f+\sum_{g}(\nabla\cdot\sigma_g)V_g \tag{4-43}$$

式中　σ_f,σ_g——流体和固体质点的应力；

V_f,V_g——流体和固体的体积。

由于节点力总是从流体和固体质点力获得的，因此能够自动满足无滑移接触条件，避免了介质粒子间的物理穿透和掺杂现象。

4.6.3　炸药猛度试验动态分析

由爆轰波传播及物质点压力云图（见图 4-27）中可以看出，在 $t=0.002$ ms 时，导爆索被引爆；在 $t=0.008$ ms 时，导爆索物质点开始飞散，炸药爆轰压力为 2.4 GPa（因装药直径小，炸药尚未达到稳定爆轰值），直至 $t=0.012$ ms 时，平面爆轰波发生碰撞，垂直爆轰波传至钢板面上。此时，碰撞处爆轰压力达到最大值 4.09 GPa；随后，汇聚的爆轰波沿着未燃烧炸药的方向继续向钢板传播，发生爆轰的物质点往外飞散。在 $t=0.026$ ms 时，在爆轰波碰撞的中心线上出现 A_1 和 A_2 两处往外呈线性飞散的粒子流。粒子流的存在加速了爆炸能量往外释放，很好地反映了在炸药猛度试验中，当采用高爆速的对称导爆索起爆低爆速的松装硝铵炸药和乳化炸药时，猛度压缩值较常规雷管起爆时的偏低 5.1％和 7.27％的现象。

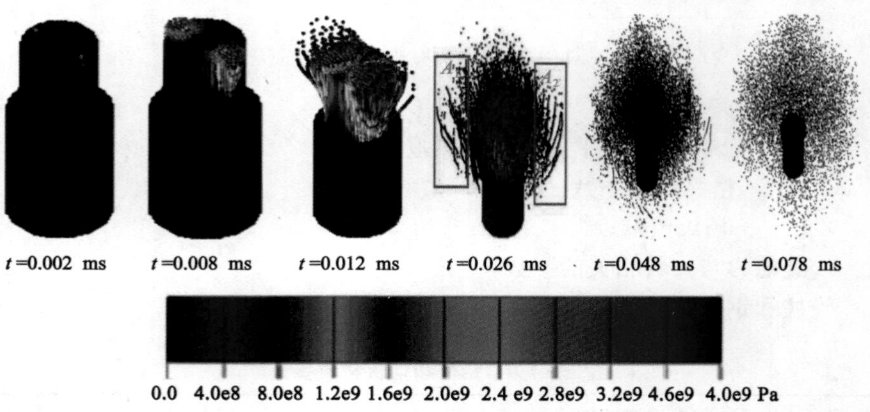

图 4-27　爆轰波传播及物质点压力云图

由铅柱物质点应力图（见图 4-28）可以看出，应力从对称导爆索的内侧传播至铅柱上表面，随后以应力波的形式往四周传播，应力波在表面中心发生碰撞，类似于 LS-DYNA 模拟岩石破碎时的爆轰波传播。当最大应力达到铅柱的屈服强度时，物质点开始顺着应力的方向往前移动。同时，上层炸药爆轰产生的应力则继续往下传播，这样就形成了一个垂向应力 σ_1 和水平应力 σ_2 的合应力 σ（如图 4-29所示）。该合应力最终导致铅柱压缩。当水平向应力 σ_2 达不到铅的屈服强度时，此时，只有垂向应力 σ_1 使铅柱产生压缩，其并没有向四周扩散。在 $t=0.166$ ms 时，铅柱中心垂向应力 σ_1 已不足以使铅柱产生压缩，而此时对应于导爆索起爆点处的应力却以高应力状态继续向下传播，直到距离铅柱底部 5 mm 处才停止。

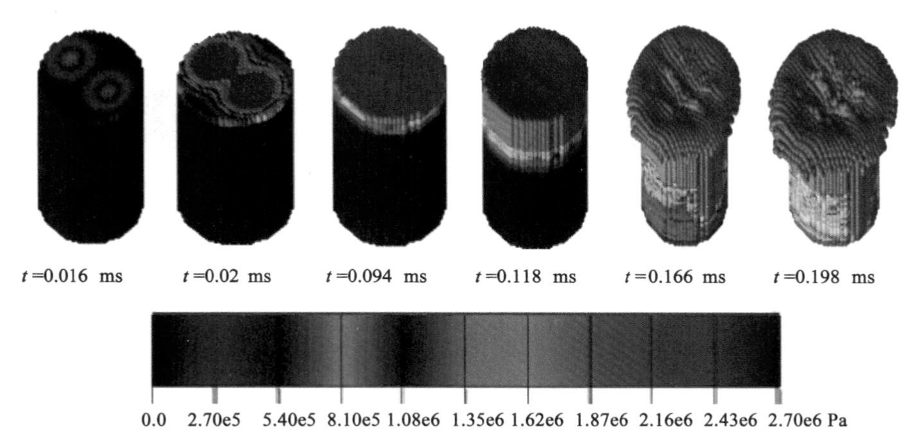

图 4-28　铅柱物质点应力图

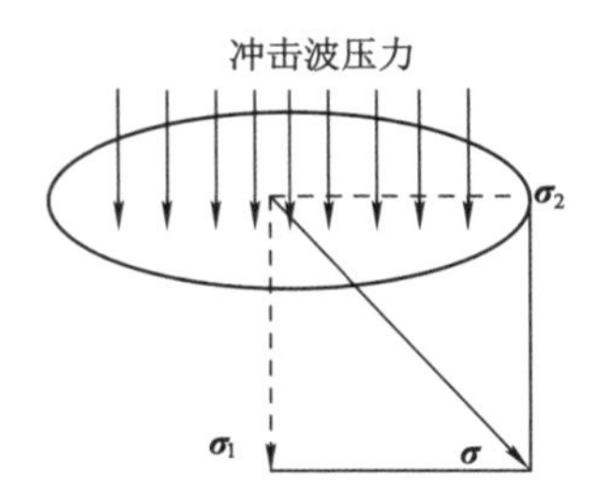

图 4-29　物质点应力分量图

由冲击波传播及物质点应变云图（见图 4-30）可以看出，铅柱的压缩主要是从内往外进行。爆轰波首先通过钢片作用于铅柱中心。在水平应力的作用下，铅柱往四周延展，同时，在垂直应力的作用下往下压缩。铅柱在压缩的过程中形成一系列类齿状的“应变点”。随着冲击波次的增加，“应变点”的应变率也逐渐增大。这些“应变点”是导致铅柱压缩的主要因素。

试验与数值模拟结果对比如图 4-31 所示。爆轰波聚能起爆时，数值模拟得到的铅柱压缩值为 11.49 mm，与试验值 11.46 mm 的误差仅为 0.26%。数值模拟爆破后的铅柱中心存在一个高应变区域，试验后铅柱也有一个往外发散的大变形区域，两者

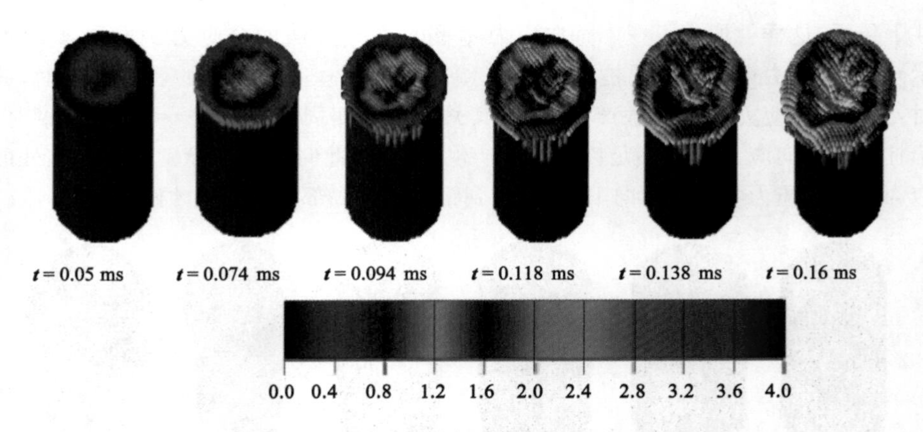

图 4-30 冲击波传播及物质点应变云图

具有较好的一致性。中心起爆时，爆轰产物飞散相对比较均匀，铅柱表面没有出现不均匀的应力应变区域，铅柱压缩值为 12.03 mm，与试验值 12.08 mm 非常接近，比爆轰波聚能起爆时的大 4.7%，这与炸药猛度试验时的物理现象几乎相同。

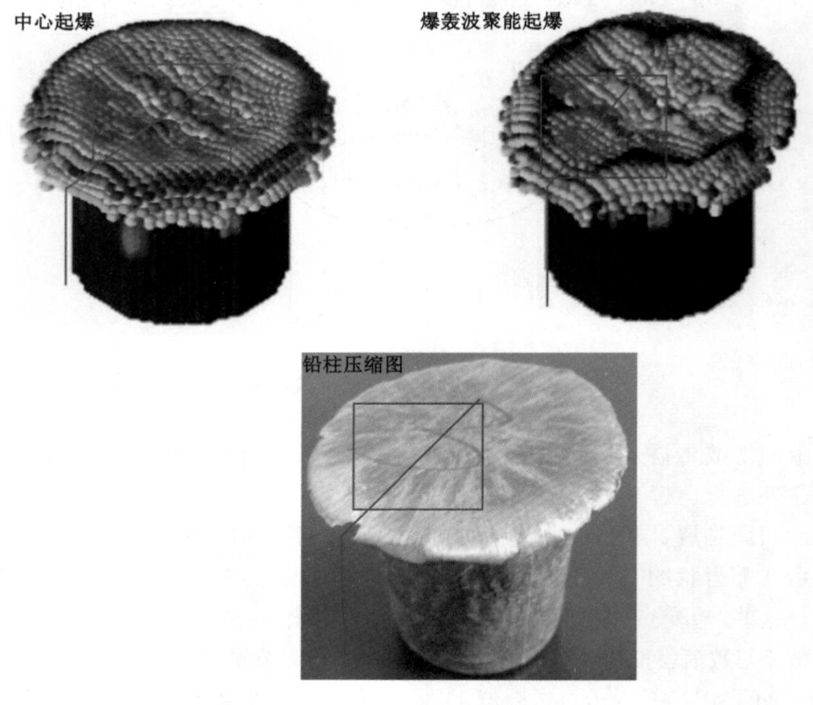

图 4-31 试验与数值模拟结果对比

炸药猛度的数值模拟计算结果表明：基于物质点法的炸药猛度数值模拟计算可以反映爆轰波聚能起爆时的爆轰波传播碰撞过程和铅柱压缩过程。当采用高爆速导爆索对称起爆低爆速的松装硝铵炸药和乳化炸药时，爆轰波碰撞聚能导致的爆轰产物加速飞散，是炸药猛度压缩值降低的主要原因。

4.7　本章小结

应用数值模拟方法对中心起爆和爆轰波聚能起爆下的单、双炮孔爆轰波传播及岩石裂纹扩展情况进行了分析；应用物质点法对炸药猛度测试的爆轰产物粒子飞散过程和铅柱压缩过程进行了分析。本章主要得出如下结论。

（1）中心起爆时，爆轰波和岩石破碎裂纹均逐渐往外扩散。爆轰波碰撞聚能起爆时，爆轰波沿起爆点逐层往中心传播，并在中心轴线上依次出现正碰撞、斜碰撞和马赫反射，在炮孔壁面上形成两条较宽的裂纹并逐渐往外扩散。双炮孔爆轰波聚能爆破可以在炮孔间形成大的贯通裂纹及微裂纹，致使岩石更加容易破碎。

（2）爆轰波聚能爆破时，爆轰产物横向飞散，使实际作用于铅柱的比冲量下降，是铅柱压缩值降低的主要原因。

第5章　爆轰波碰撞聚能爆破工程应用实践

爆轰波碰撞聚能爆破试验表明，应用导爆索起爆时，松装硝铵炸药和乳化炸药猛度降低5.1%和7.27%；应用导爆索起爆时，粉状硝铵炸药做功能力增加13.06%。这两项炸药爆炸作用能力的直观评价指标没有发生大幅变化。因此，进行实际工业应用对比爆破试验时，就无须改变爆破参数，这意味着可以保证在同样爆破参数下进行对比性爆破试验。

由理论分析可知，工业导爆索与常用工业炸药的爆速比为1.2～2.14，满足爆轰压力增长2倍以上时高爆速炸药与主装药爆速比1.15倍的条件。因此，可直接使用工业爆破器材实现爆轰波碰撞聚能爆破。

爆轰波碰撞聚能能够改变爆轰波分布，达到局部聚能的目的。为了检验爆轰波碰撞聚能爆破技术在工程爆破中的应用效果，选取夹制力大的孔桩爆破和盾构地下孤石爆破及岩石块度均匀性要求高的露天采矿台阶爆破三个典型工程进行对比研究。

5.1　孔桩爆轰波碰撞聚能爆破应用实践

5.1.1　孔桩爆轰波碰撞聚能爆破炮孔布置

孔桩爆破指在桥梁、建筑和输电线路架设等桩基开挖过程中，由于遇到岩石硬度较大，使用机械或人工开挖难以达到工程进度要求时，一般采用钻孔爆破进行掘进。在爆破施工过程中，常采用竖井掏槽爆破的方式进行爆破参数设计。孔桩爆破炮孔布置如图5-1所示。

① 中心孔沿孔桩中心轴线向下布孔，中心孔深度一般较其他孔的深10～20 cm。

② 掏槽孔是在中心孔爆破后，为扩大自由面空间而钻凿的炮孔。掏槽孔一般有70°～80°的倾斜度（往中心孔汇拢），主要有锥形掏槽、楔形掏槽、直线掏槽

和螺旋掏槽四种形式。其中锥形掏槽应用最为广泛。

③ 空孔作为掏槽孔和辅助孔爆破时的自由面和破碎体的补偿空间。根据掏槽孔和辅助孔的布置情况进行空孔布孔。

④ 辅助孔作为孔桩爆破的主要装药的孔。根据孔桩直径大小进行辅助孔布置。

⑤ 周边孔为保护孔桩壁的一圈炮孔。周边孔孔间距和装药量均相对较小。同时为保证爆破开挖质量，周边孔也会有3°～5°的倾斜度(往井壁外侧倾斜)。

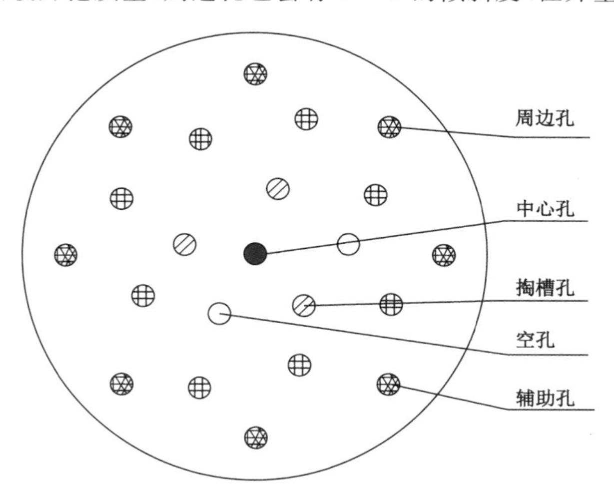

图5-1　孔桩爆破炮孔布置

5.1.2　孔桩爆轰波碰撞聚能爆破工程应用实例

5.1.2.1　工程背景分析

(1) 爆破区周围环境分析

在大连金马路B-3-2地块建筑工程施工中，遇到微风化石灰岩，采用人工挖孔桩(直径2.5 m)时，造价高，工作效率低，严重影响工程进度。为此，决定采用孔桩爆破方法进行开挖。

爆破区周围环境如图5-2所示。爆破区北部15 m处有盘锦街、35 m处有工商银行；爆破区东部20 m处有鞍山路；爆破区南部15 m处有汉庭连锁酒店、大连丰翼物业管理有限公司和大连大杨服装定制科技有限公司仓库；爆破区西部15 m处有大连山河投资集团有限公司、鹏成餐饮管理服务中心。爆破区南北长135 m，东西宽75 m。

(2) 地质条件分析

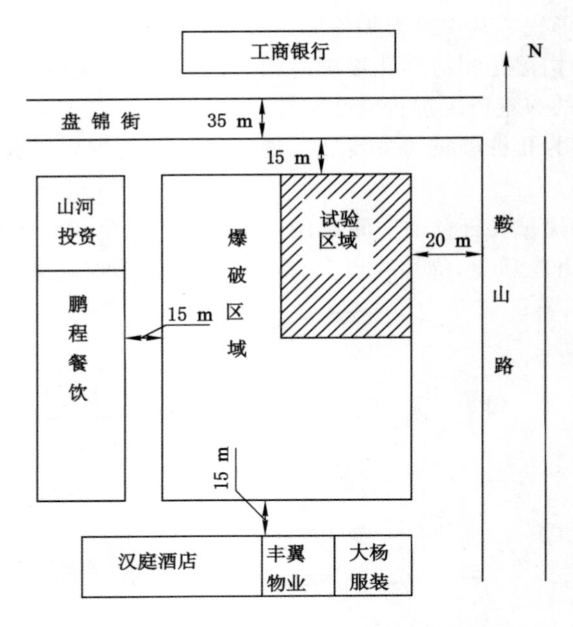

图 5-2　爆破区周围环境示意图

根据地质勘探资料，孔桩开挖范围内主要有第四系全新统人工堆积层（Q_4^{ml}）、杂填土、素填土、第四系冲洪积层（Q_4^{al+pl}）的粉质黏土（含碎石、粉土和卵石等）。在孔桩开挖深度范围内，场地地层从上到下分布如下所述。

① 杂/素填土：杂色，稍湿，松散～稍密；主要由生活垃圾、砖头和碎石组成；局部混有少量的碎砖头，黏性土；层厚 0.5～1.5 m。碎石成分为石英岩和板岩，碎石粒径一般为 20～60 mm，最大可达 150 mm。

② 粉质黏土：黄褐～红褐色，呈可塑～硬塑状态，无摇振反应，稍有光泽，干强度、韧性中等；含碎石，碎石含量为 30%～40%；层厚 1.0～2.2 m。碎石成分为石英岩。

③ 粉土：灰黑色，中密～密实，摇振反应中等，无光泽反应，干强度、韧性低；具有腥臭味；含多量有机质、砂和碎石；局部相变为淤泥质粉质黏土；呈流塑状态；夹有 20～30 cm 厚的碎石，碎石分布较为连续；层厚 1.7～2.8 m。

④ 卵石：黄褐～杂色；上部主要以粉质黏土含卵石为主，下部为卵石混多量黏性土；充填物为中粗砂，磨圆较差，匹配不均匀；个别地带含有大块漂石，中密，饱和；层厚 0.8～1.3 m。漂石粒径为 5～30 mm，漂石最大粒径大于 150 mm。卵石含量为 60%～80%，卵石成分以石英岩为主。

⑤ 石英岩：黄褐～灰褐色，矿物成分以石英为主；节理裂隙发育，节理倾角

大部分在70°～80°之间，局部地段在40°～50°左右；岩芯呈柱状、碎块，中等风化；粒径变晶结构，块状结构；较硬岩，完整度为较完整～较破碎，岩体基本质量等级为Ⅳ级；层厚1.0～5.2 m。

⑥ 石英岩夹板岩：灰黄～灰褐色，以石英岩为主；板岩以夹层状出现；节理裂隙较发育；岩芯呈柱状、碎块状，一般风化；节理倾角一般在40°～60°之间，局部地段倾角直立；石英岩为等粒变晶结构，块状结构；较硬岩，较完整，岩体基本质量等级为Ⅳ级；层厚1.0～8.9 m。

⑦ 板岩：灰褐～灰绿色，板理、节理发育；裂隙面多见有黄褐色水锈，多呈闭合状态，层面倾角为45°～80°；具有一定的扭曲变形；断面有光泽，并可见数条石英岩脉填充，局部夹有少量的石英岩，间距为2 mm，岩芯多呈短柱状、柱状、板状；中等风化，变余泥质结构，板状构造；层状结构；岩石完整程度为较完整～较破碎，岩体基本质量等级为Ⅳ级；层厚4.1～6.2 m。

孔桩爆破区域地下水类型主要是第四系孔隙水和基岩裂隙水。地下水主要赋存于第四纪地层的孔隙和基岩裂隙中。地层中的孔隙水与裂隙水具有连通性。地下水位埋深0.66～4.50 m，水位变幅1.0～2.0 m。地下水总的径流方向为由北西往南东。地下水的排泄途径主要是地下径流，主要补给来源为大气降水垂直入渗。根据水文地质分析成果，地下水对混凝土结构及混凝土结构中的钢筋具有微腐蚀性，对孔桩处中等风化的板岩、石英岩具有中等透水性。

5.1.2.2　爆破参数设计

根据工程地质条件和工程特点，采用工程类比法进行爆破参数设计。

(1) 钻机和药卷类型选择

采用7655气腿式凿岩机进行钻孔作业。炮孔直径为38 mm。采用直径32 mm的2#岩石乳化炸药作为主装药。

(2) 炮孔数量设计

炮孔数量主要取决于孔桩断面、岩石性质和每个循环掘进深度。按照井巷掘进竖井爆破参数经验公式计算炮孔数量 N 为：

$$N = 2.7(\sqrt{f}/S) \tag{5-1}$$

式中　f——岩石坚固性系数，该工程取10；

S——开挖断面面积，设计值为5 m^2。

计算得炮孔数为19个。

按照竖井掘进分析公式计算炮孔数量 N 为：

$$N = qS/(a\delta) \tag{5-2}$$

式中　q——炸药单耗，一般取1.5～1.8 kg/m^3；

a——炮孔装填系数(装药长度与炮孔长度的比值)，取0.45；

δ——每米装药量，取 1 kg/m。

计算得炮孔个数为 20 个。

（3）炮孔布置及起爆网络设计

采用扇形布孔。炮孔深度为 1 m，孔排距为 0.5 m，单孔装药量为 200 g，填塞长度为 70～80 cm。炮孔布置及起爆网路如图 5-3 所示。图 5-3 中 MS 代表毫秒微差导爆管。

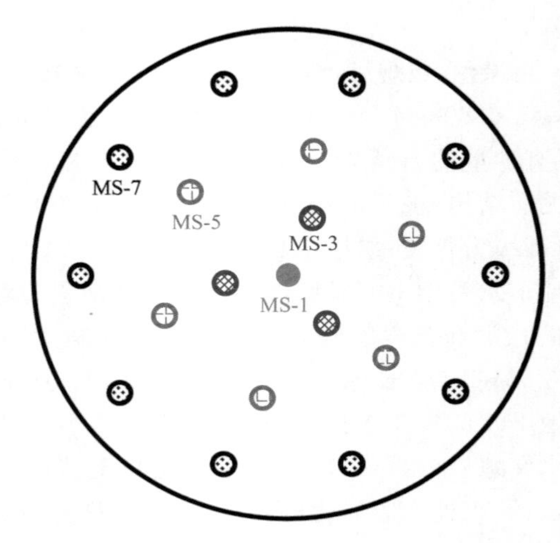

图 5-3　炮孔布置及起爆网路

（4）孔网参数设计

中心孔：比掏槽孔深 0.2 m，设计深度为 1.2 m。掏槽孔：往中心孔倾角 10°，炮孔数量为 3 个，炮孔间距为 0.5 m。辅助孔：待掏槽孔和周边孔布置完毕后，均匀布置于两者之间。周边孔：炮孔数量为 10 个，炮孔间距为 0.4 m，往孔桩壁倾角为 5°。

5.1.2.3　爆破难点分析

开挖直径 2.5 m 孔桩时，由于现场无合适机械进行排渣作业，所以对爆破效果有严格要求。现场进行孔桩爆破主要存在以下难点。

① 只能采用人工排渣方式。

② 爆破后岩石块度尺寸要求较严格。为了便于开挖，要求岩石块度尺寸不超过 7 cm。

③ 爆破区域周围构建筑物较多，对爆破振动和飞石的要求严格。

④ 岩石硬度大，岩石坚固性系数局部超过 10。作业空间狭小，手持钻孔作业困难极大。

⑤ 爆破循环进尺要求高。受施工工期影响，要求单次爆破循环进尺在 0.7 m 以上。

⑥ 爆破后桩壁平整性要求高，这主要体现在爆破后的半孔残留率要求上，要求周边眼半孔残留率在 75%以上，且围岩壁面不平整度允许值为±10 cm。

⑦ 受孔桩断面尺寸影响，爆破时仅有向上的临空面，待开挖岩体围岩夹制力大。为取得理想的爆破效果，先爆孔的“掏槽”作用必须形成一定的自由面或岩石膨胀空间。

采用常规爆破法进行爆破时，爆破后岩石块度大，局部岩块仍需二次人工破碎后方可进行铲运。爆破进尺仅为 0.35 m。周边眼甚至还留有完整的残孔（如图 5-4所示），孔桩井壁凹凸不平，破坏情况较为严重，周边眼半孔残留率仅为 25%。

图 5-4　常规爆破时的残孔

5.1.2.4　爆破工艺优化

为了改善爆破效果，决定采用爆轰波碰撞聚能技术优化爆破工艺。由于采用的钻孔孔径为 42 mm，而双导爆索和药卷直径的综合值为 44 mm，所以为了能够方便装填炸药，在试验时，应用胶带将导爆索和药卷紧紧捆绑在一起。爆轰聚能药卷如图 5-5 所示。装填炸药时，应用塑料炮棍将绑扎完成的药卷缓慢送至炮孔内，随后采用与普通爆破相同的工艺进行填塞、覆盖和爆破作业。

5.1.2.5　试验结果及其分析

孔桩爆破试验结果如表 5-1 所示。

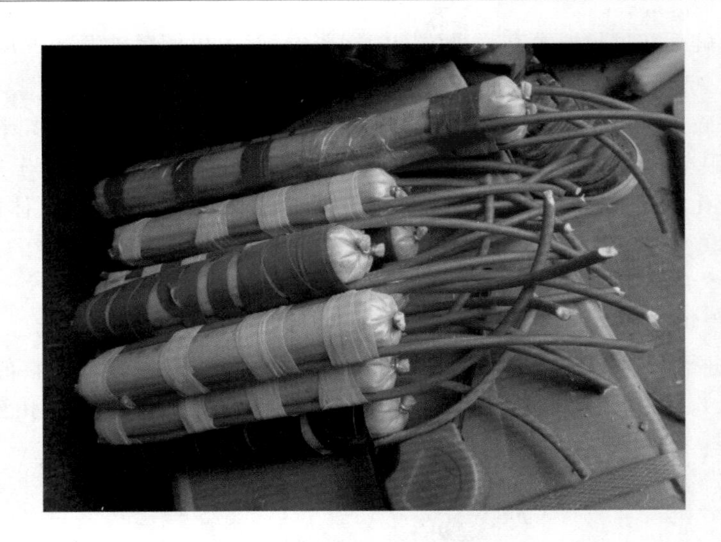

图 5-5 爆轰聚能药卷

表 5-1 孔桩爆破试验结果

序号	起爆方式	装药量/kg			雷管段别/ms			总药量/kg	单耗/(kg/m³)	炮孔利用率	爆破进尺/m	循环时长/h
		掏槽孔	辅助孔	周边孔	掏槽孔	辅助孔	周边孔					
1	常规	0.3	0.4	0.15	3	5	7	5.1	2.91	85%	0.35	7
2	常规	0.3	0.4	0.15	3	5	7	5.1	2.76	85%	0.37	7
3	爆轰波聚能	0.3	0.3	0.15	3	5	7	4.5	1.15	90%	0.78	5
4	爆轰波聚能	0.3	0.3	0.15	3	5	7	4.5	1.11	90%	0.81	5

采用常规爆破时,为了增加掏槽孔和辅助孔间的自由空间,需在两者之间布置至少两个空孔。在爆破过程中,“穿孔”现象比较严重。现场测量飞石最大高度可达到 49 m(如图 5-6 所示),对周边构建筑物等造成安全隐患,必须扩大安全警戒范围。并且爆破进尺仅为 0.35 m。按该进尺计算得到的炸药单耗达到 2.91 kg/m³,极大增加爆炸器材消耗量,造成炸药能量利用率极低。由于爆破后的岩石块度尺寸仅有 90%的小于 7 cm(如图 5-7 所示),且最大岩石块度达到 16 cm,这给人工开挖带来极大的不便,往往需要进行二次人工破碎和根底清理。每循环作业时长达到 7 h。

图 5-6　爆破飞石高度情况对比

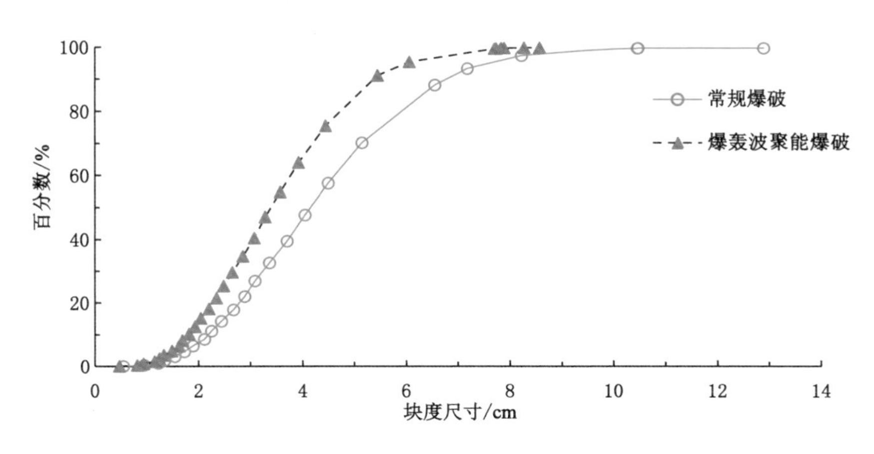

图 5-7　爆后岩石块度分布

采用爆轰波碰撞聚能爆破时，爆破后最大飞石高度下降到 8 m，且大部分飞石可以控制在围挡内，避免对周边环境产生粉尘污染和飞石损伤。在无钻凿空孔的情况下，爆破进尺达到 0.8 m，比常规爆破时的提高 2.29 倍。核算后的炸药单耗较常规爆破时的降低 60.48%，仅为 1.15 kg/m^3，这提高了炸药能量利用率，减少了爆破器材消耗量。爆破后 99%的岩石块度能够满足现场开挖要求，最大岩石块度仅为 9 cm。如图 5-8 所示，没有发现超标的岩石块度和难以开挖的根底。每个作业循环时间比常规爆破时的降低28.57%。较常规爆破，爆轰波碰撞聚能爆破作业总工时缩短大约 50%，这降低了工人作业强度，加快了整个工程施工进度。

图 5-8　爆破后开挖情况

5.2　地下孤石爆轰波聚能爆破应用实践

5.2.1　孤石处理方式

孤石主要由坡洪积、崩积、滑坡堆积等形成。当盾构机作业到含有孤石的地质结构时，岩石强度超过盾构机的掘进能力会导致盾构机施工产生如下风险：掘进非常困难，刀盘、刀具磨损严重甚至变形，地面沉降和开裂；不均匀的软弱结构面会导致盾构机施工产生如下风险：盾构机沿岩体方向跑偏，气压作业难以实施，主轴承受损或主轴承密封被破坏。为了尽可能避免孤石对盾构机的影响，主要采用冲孔、人工挖竖井、盾构开仓和地表钻爆等四种方式对孤石进行处理。

孤石处理方式具有不同的特点和适用范围，如表 5-2 所示。

表 5-2 孤石处理方式对比

处理方式	适用范围	效果	费用
冲孔	适用于孤石和基岩处理，且地面具备施工条件，岩石界面不超过隧道一半	处理效率低，处理效果较好，处理后的残余岩体或孤石对盾构施工基本无影响	较高
人工挖竖井	适用于孤石和小范围基岩处理，对地面环境条件要求低，竖井穿越不稳定地层时难以实施	处理彻底，效率低	较高
盾构开仓	适用于地表空间充足，岩石硬度低，对施工工期要求低，适用间歇性孤石处理	处理彻底，效率高	较高
地表钻爆	周边无重要构建筑物，对爆破震动等要求较低的区域，适用大范围坚硬基岩和孤石的处理	速度快，处理后残余石块较多，爆后块度处理不好仍会对盾构施工产生一定的影响	单位长度内处理费用较低

5.2.2 盾构开仓地下孤石爆轰波聚能爆破工程应用实例

5.2.2.1 工程背景分析

(1) 工程概况介绍

红沿河核电厂5号、6号机组取水隧洞工程由一个取水构筑物和2条取水隧洞组成。取水隧洞工程包含盾构法隧洞和明管段。盾构段岩石性质复杂，属中、微风化花岗岩，需配合地表钻孔预裂爆破进行施工。

其中，5号取水隧洞总长度为1 255.75 m，共设计3个预裂爆破区，分别为WK_0+170～WK_0+312、WK_0+955～WK_1+048、WK_1+218～$WK_1+234.702$，共251.702 m。6号取水隧洞总长度为1 269.617 m，共设计5个预裂爆破区，分别为LK_0+024～LK_0+104、LK_0+177～LK_0+240、LK_0+259～LK_0+308、LK_0+978～LK1+000、LK1+204～LK1+248.567，共258.567 m。5号、6号机组取水隧道盾构段预裂爆破区总长度为510.269 m，预裂爆破断面为边长7.0 m正方形，爆破方量总计约为15 479.6 m^3。

(2) 工程地质条件分析

5号、6号机组取水隧道地表钻孔预裂爆破区主要岩性为花岗岩，局部夹杂片麻岩捕虏体，岩石为中风化、微风化。5号机组岩体波速为1 600～3 571 m/s，6号机组岩体波速为1 550～3 600 m/s；围岩类别主要为Ⅴ类，部分围岩类别为Ⅳ类。

5号、6号取水隧洞进口边坡地质剖面图如图5-9和图5-10所示。

5号、6号机组取水隧洞工程区地形平缓，地表无水塘、沟渠分布。地表水接

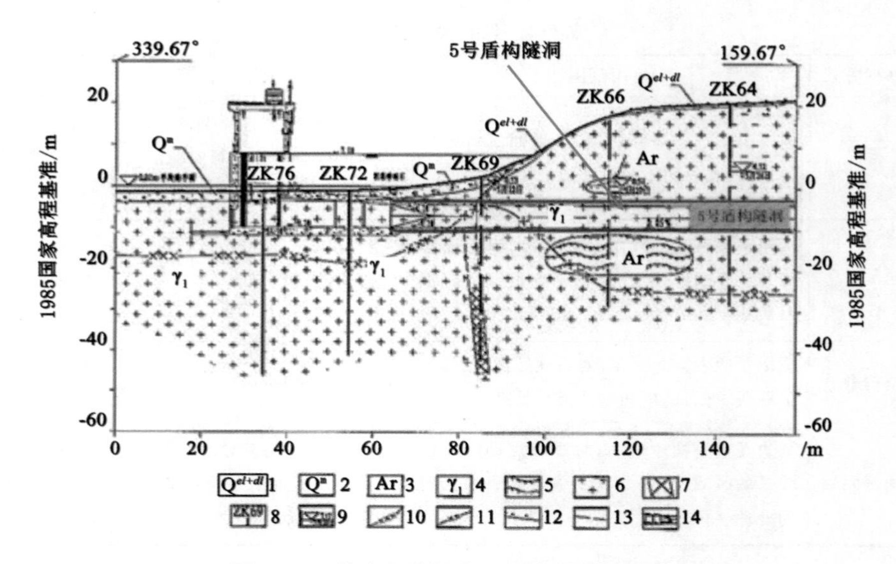

图 5-9　5 号取水隧洞进口边坡地质剖面图

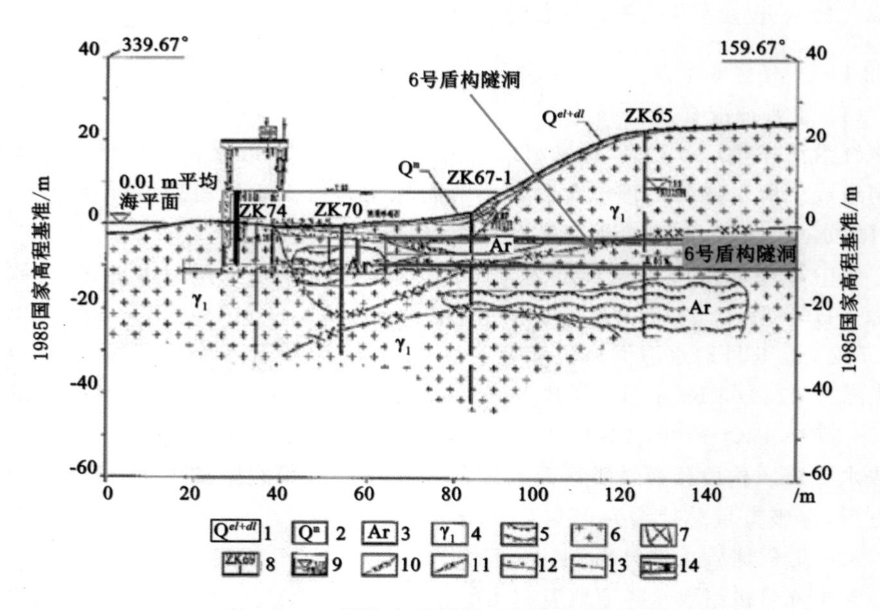

图 5-10　6 号取水隧洞进口边坡地质剖面图

受大气降雨补给，呈散流向低洼处汇集，最终排向渤海。渤海为工程区的最低排泄基准面。工程区强风化及中等风化带岩体节理裂隙发育，岩体裂隙连通性较好，地下水类型主要为松散介质孔隙水。根据地下水化学成分分析结果，工程区地下水为淡水，其总矿化度在 144～360 mg/L 之间，说明地下水与海水的水力联系较弱。

在工程区地质勘查过程中共完成 18 个钻孔、89 段压水试验。压水试验段对应的岩体风化程度为中等风化时，表明中等风化岩体主要为微～弱透水体；压水试验段对应的岩体风化程度为强风化花岗岩时，渗透系数为 10^{-5}～10^{-4} cm/s，表明强风化花岗岩为弱～中等透水岩体。根据《岩土工程勘察规范》，工程区环境类型属Ⅲ类，环境水对混凝土结构的腐蚀性等级为微。

5 号、6 号机组取水隧洞区间共设计 8 个爆破区域，其中局部敷设有低压线路、高压线路、给排水管、供暖管等。工程区管线情况如表 5-3 所示。

表 5-3　工程区管线情况

序号	区间	爆破区域	与爆破区域的最小平净距/m
1	5号取水隧洞	WK0＋170～WK0＋312	距高压铁塔(基础 6.7 m×6.7 m)26.55 m
2		WK0＋955～WK1＋048	华兴公司临建办公区门前(涉及消防、排水、低压)
3		WK1＋218～WK1＋234.702	中建二局与中铁二局临建办公区之间，爆破的局部区域位于道路上
4	6号取水隧洞	LK0＋024～LK0＋104	距取水口基坑临边围栏 6 m，距 104 箱变 220 m 左右
5		LK0＋177～LK0＋240	爆破区域正上方有高压铁塔(基础 6.7m×6.7 m)
6		LK0＋259～LK0＋308	距 10 kV 高压电缆 200 m 左右
7		LK0＋978～LK1＋000	华兴公司临建办公区门前
8		LK1＋204～LK1＋248.567	中铁二局临建办公区旁，爆破局部区域位于道路上

5.2.2.2　爆破参数设计

在 5 号、6 号机组取水隧洞盾构机掘进过程中，遇到的围岩主要为Ⅴ类围岩，遇到的部分围岩为Ⅳ类的花岗岩孤石，使盾构机频繁出现卡钻现象，这严重影响施工进程。根据相关工程经验和工程实际，决定采用地表钻孔径向不耦合装药爆破法施工。利用导爆索-导爆管混合起爆网络。不同段别导爆管雷管引爆孔内导爆索进行孔外微差爆破。采用单孔起爆。炮孔填塞部分用钻屑或岩粉进行填塞，并用沙袋对每个炮孔进行覆盖。最终在爆破区上部覆盖防护网并洒水降尘。

盾构开仓孤石爆破施工属于无自由面的岩石爆破范畴。爆破产生的应力波和能量仅作用于岩石内部。盾构开仓爆破的目的是在孤石表面和内部形成大量的裂隙，类似于盾构刀盘对孤石产生的破岩效果，降低盾构刀盘的磨损和能量损耗。为了使孤石内部更好形成裂隙，需要对炮孔破碎圈范围进行确定。通常岩石塑性变形或剪切破坏产生的压碎区范围不会超过炮孔半径的 3 倍；其之外区域为岩石拉伸破坏产生的裂隙区。裂隙产生的条件是爆破应力产生的切向拉应力大于岩石的抗拉强度。

爆破应力产生切向拉应力峰值 $\sigma_{\theta,\max}$ 可通过径向压应力峰值 $\sigma_{r,\max}$ 求得：

$$\sigma_{\theta,\max}=b\sigma_{r,\max} \tag{5-3}$$

式中　b——岩石特性值，$b=\mu/(1-\mu)$（μ 为岩体泊松比）。

柱状装药冲击波峰值随距离衰减的经验公式为：

$$p=p_{\mathrm{d}}\left(\frac{r_0}{r_{\mathrm{c}}}\right)^{\alpha} \tag{5-4}$$

式中　p——某点冲击波压力峰值，MPa；

p_{d}——炮孔孔壁的初始爆轰压力，MPa；

r_0——炮孔初始半径，mm；

r_{c}——某处至炮孔中心轴线的距离，mm；

α——衰减指数，$\alpha=2-\mu/(1-\mu)$。

联合式(5-3)和式(5-4)，可得爆破应力在岩体内部产生的裂隙区半径为：

$$r_{\mathrm{c}}=\left(\frac{bp_{\mathrm{d}}}{[\sigma_{\mathrm{t}}]}\right)^{1/\alpha}\cdot r_0 \tag{5-5}$$

式中　$[\sigma_{\mathrm{t}}]$——岩石单轴抗压强度，MPa。

对于普通炸药爆破，孔壁压力取值为4 GPa，则得出裂隙区半径为 6.87 倍。当爆轰波碰撞聚能爆破时，孔壁压力取值可达到 12 GPa，得出裂隙区半径为 14.49 倍。

爆破设计采用径向不耦合装药。不耦合装药的炸药单耗 q 为：

$$q=\frac{\pi\rho_{\mathrm{w}}}{4}\left(\frac{3.1[\sigma_t]}{b\rho_{\mathrm{w}}D^2}\right)^{\frac{2}{\alpha}}\left(\frac{2}{n\varepsilon^{6-\alpha}}\right)^{\frac{2}{\alpha}} \tag{5-6}$$

式中　ρ_{w}——装药密度，g/cm^3；

D——炸药爆速，m/s；

n——爆生气体碰撞孔壁产生的应力增大比值，一般取值为 8～11；

ε——常数（当 $\rho_{\mathrm{w}}<1.2$ g/cm^3 时，取 2.1；当 $\rho_{\mathrm{w}}>1.2$ g/cm^3 时，取 3）。

钻芯取样并对岩石进行力学分析，得到岩石单轴抗压强度 $[\sigma_{\mathrm{t}}]=127$ MPa；$\mu=0.35$；采用乳化炸药，炸药爆速 $D=3\,500$ m/s；装药密度 $\rho_{\mathrm{w}}=1.1$ g/cm^3；$n=10$；$\varepsilon=2.1$。带入式(5-6)计算得到炸药的单耗为 2.04 g/cm^3；为保证爆破效果，取炸药的单耗为 2.1 g/cm^3。

根据炸药单耗计算结果，设计 5 号、6 号机组取水隧洞爆破参数为：钻孔排数 $b_{\mathrm{n}}=251$ 排、每排钻孔 $a_{\mathrm{n}}=7$ 个、孔径 $d=90$ mm、钻孔总数 $n=1\,757$ 个、孔距 $a=1.0$ m、排距 $b=1.0$ m。钻孔参数如表 5-4 所示。

表 5-4　钻孔参数

钻孔深度/m	22.3	23.35	23.85	24	23.85	23.35	22.3
装药余高/m	18.7	17.65	17.15	17	17.15	17.65	18.7
装药量/ kg	7.56	11.97	14.07	14.7	14.07	11.97	7.56

炮孔布置和起爆网路如图 5-11 和图 5-12 所示。

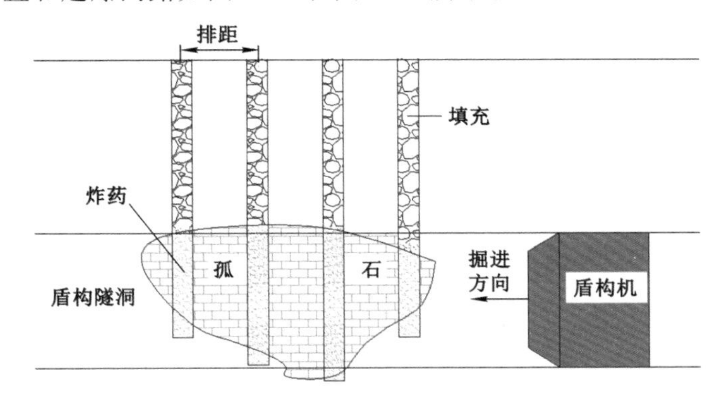

图 5-11　炮孔布置

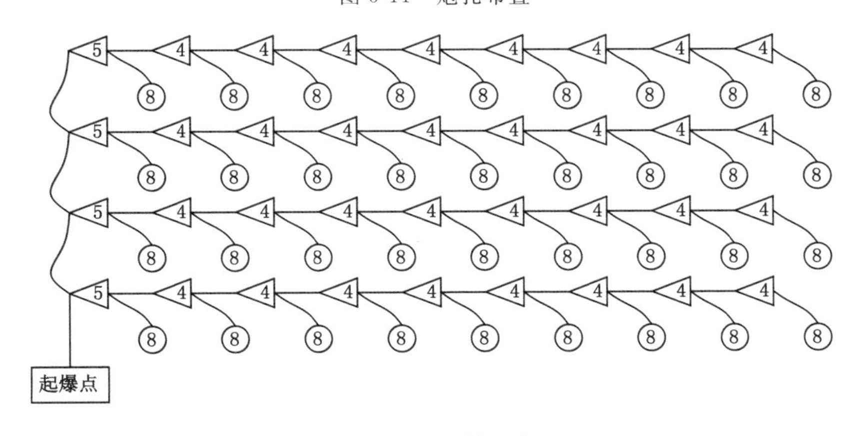

图 5-12　起爆网路

5.2.2.3　爆破难点分析

按照上述爆破参数设计进行盾构开仓地下孤石爆破作业时，爆破后取水隧洞岩石破碎情况得到很大改善，盾构机进尺提高到 6 管片/天(提升率为 32%)，但局部区域仍会出现岩石尺寸较大，影响刀盘切削进尺的现象。通过对现场地质和爆破参数分析，在进行径向不耦合装药爆破时，主要存在以下问题。

① 岩石硬度变化大。由于取水隧洞跨越长度较大，受地质沉降影响，沿途

地层地质构造变化较大，经探明的孤石分布广。在孤石区采用与岩土区相同的爆破参数已经不适应。

② 地层压力大。由于隧洞位于地表标高－17 m 处，爆区上覆有岩土和含水层，地层比重较大。考虑岩石膨胀增量所需要的能量损耗，相比陆地爆破作业，该工程的炸药单耗要增加 3～5 倍。

③ 隧洞局部有基岩侵入。基岩底部有多处软硬不规则交界面，造成上下和左右软硬不均匀，对单孔炸药装药量影响较大。

④ 工期紧，质量高。这就要求爆破后的岩石块度达到盾构机施工要求，不得出现影响盾构机作业的大块岩石。

5.2.2.4 爆破工艺优化

按照径向不耦合装药爆破方法对孤石进行处理，处理后盾构机掘进速率得到明显提升，但仍会时不时出现“卡塞”现象，这给盾构机姿态造成一定程度的偏移。为解决径向不耦合装药爆破的问题，在对盾构隧洞孤石爆破难点分析的基础上，决定采用爆轰波碰撞聚能爆破方法。通过在炮孔壁面形成局部破坏，增大炸药能量在局部的入侵速率和比例，来达到提高炸药能量利用率和增强爆破效果、降低爆破后孤石最大尺寸的目的，进而减少孤石对盾构机的破坏。

由于盾构地下孤石地表埋深较深，需要提前根据单个炮孔的装药量和装药高度预制药卷。采用与孔桩爆破相同的药卷制作工艺，每药卷至少用扎带捆扎三箍。药卷制作必须由专业的爆破员或安全员执行，且至少应两人一组，如图 5-13所示。药卷制作完成后，由现场工程师验收且验收合格后，方可进行药卷装填作业。为保护周边环境和避免对高压电缆产生破坏，药卷装填作业完成后，应按照爆破施工设计方案对爆区进行覆盖，如图 5-13 所示。

5.2.2.5 试验结果及其分析

(1) 钻芯取样结果及其分析

爆破后对孤石进行钻芯取样分析。基岩及两种不同爆破方法爆破后岩石钻芯取样如图 5-14 所示。① 没有进行预处理时，基岩岩体结构较完整，抽芯岩石粒径均在 10 cm 以上，岩石质量指标(rock quality designation，RQD)值高达 92.42%。② 采用径向不耦合装药爆破方法时，抽芯岩石粒径有所下降，但其最大值仍可达到 26 cm，RQD 值为 48%，岩体完整性差，虽然满足盾构机掘进要求，但是仍会出现“卡塞”的现象。③ 采用爆轰波聚能爆破时，所取岩芯的断面非常不规则，岩面新鲜，抽芯岩石比较破碎，大部分岩石粒径满足运输要求，最大抽芯岩石粒径仅为 17 cm，RQD 值仅为 7%。较径向不耦合装药爆破时，炸药单耗降低 85.42%。爆轰波聚能爆破后，岩体完整性较差，适宜盾构机掘进。

(2) 盾构机掘进速度分析

图 5-13　药卷制作过程和覆盖的爆区

图 5-14　基岩及两种不同爆破方法爆破后岩石钻芯取样

隧洞孤石段经不同爆破方法处理前后的盾构机掘进速度发生明显变化，如图 5-15 所示。在 27～39 m 区间遇到孤石段时，盾构机刀具受卡且磨损严重，掘进速率急剧下降，掘进速率下降幅度达到 50%；在 40.5～105 m 区间采用径向不耦合装药爆破技术对孤石段进行预处理后，掘进速率上升至 7.3 mm/min，但仍不能达到基岩段的掘进速率，极大拖延了工程进度。在 106.5～147 m 区间决定采用爆轰聚能爆破技术，使孤石的完整性得到破坏，盾构刀具切割能力增强，平均掘进速率上升至 10.42 mm/min，较径向不耦合装药爆破时的提升了 42.74%。

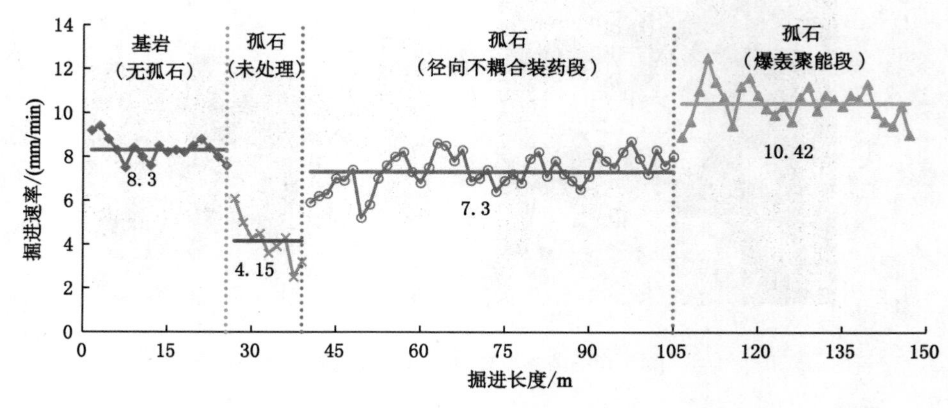

图 5-15　盾构机掘进速率对比

（3）经济效益分析

爆破工程的经济效益不能完全取决于钻爆过程中产生的费用，后期的开挖成本仍是影响整个爆破工程的重要指标。因此，盾构开仓地下孤石爆破工程经济效益分析应采用综合分析方法。

单位岩石爆破成本 M_B 为：

$$M_B = M_L + M_E + M_D + M_P + M_F \tag{5-7}$$

式中　M_L——单位岩石爆破钻孔费用；

M_E——单位岩石爆破炸药材料消耗费用；

M_D——单位岩石爆破起爆材料费用；

M_P——单位岩石爆破人工费用；

M_F——其他费用，包括炸药仓储、运输、装药器具消耗等产生的费用。

盾构机掘进费用 N_D 为：

$$N_D = N_M + N_C + N_K + N_O \tag{5-8}$$

式中　N_M——设备消耗，包括盾尾密封油脂、主驱动密封油脂、液压油和齿轮油等；

N_C——水电消耗，包括高压、低压电费和水费；

N_K——刀具消耗，包括赤刀、中心滚刀、边缘刮刀和刀具配件等；

N_O——其他消耗，包括五金、化工和材料等消耗。

盾构机掘进区间材料消耗如表 5-5 所示。

表 5-5　盾构机掘进区间材料消耗

	中心起爆(45～46 m 区间)				爆轰聚能（107～108 m 区间）			
	项目	总数	单价	合计	项目	总数	单价	合计
钻爆	钻孔/m	144	25	3 600	钻孔/m	144	25	3 600
	雷管/发	18	26.6	478.8	雷管/发	6	26.6	159.6
	炸药/ kg	37.8	100	3 780	导爆索/m	84	1.36	114.24
	人工	1.2	50	60	炸药/ kg	37.8	100	3 780
	其他			10	人工	1.5	50	75
					其他			10
开挖	设备损耗			3 085.38	设备损耗			815.7
	水电消耗			300	水电消耗			75
	刀具消耗			1 057	刀具消耗			375
	其他消耗			200	其他消耗			70
合计				12 571.2				9 074.54

采用爆轰聚能爆破技术时，每单炮孔约增加导爆索费用 114.24 元，增加人工制作炸药成本费用 15 元，但大大降低盾构机掘进成本，尤其是盾构设备和刀具损耗成本节约比例高达 71.23%。

不同起爆形式下盾构机掘进成本对比如图 5-16 所示。从图 5-16 中可以得出，采用爆轰波聚能爆破技术时比采用径向不耦合装药爆破技术时，盾构机掘进成本平均减少 26.74%。

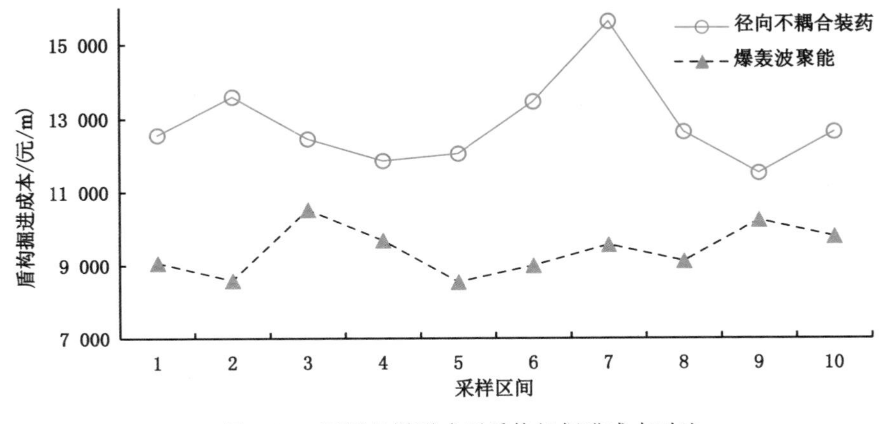

图 5-16　不同起爆形式下盾构机掘进成本对比

5.3　露天采矿台阶爆轰波聚能爆破应用实践

5.3.1　工程背景分析

（1）工程概况介绍

某矿矿区面积为 $1.12\times10^6\ m^2$，矿区探明可利用储量为1亿吨，矿区设计开采能力为 2.14×10^6 t/a。矿区鸟瞰图如图5-17所示。

图5-17　矿区鸟瞰图

按照矿山开采技术指标要求，开采钻孔深度为15～20 m；开采后的山体标高必须按照业主提供的控制性详细规划竖向标高进行控制；开采后的场地必须平整，竖向平整高度控制在±250 mm内。

（2）地质条件分析

① 矿体及上、下盘围岩稳固性分析。

a. 石灰岩矿体。

石灰岩矿体呈层状，倾角较缓（15°～34°），走向北西。石灰岩矿体平均厚度为76.7 m，为厚～巨厚层状。石灰岩矿体结构致密，硬度较大，属稳固性岩层。

b. 夹石。

矿体中部存在一层沿倾向走向较连续稳定的夹石。夹石厚度为3～5 m，为中厚岩层。夹石产状与矿体产状一致。夹石岩性为含粉砂质粉晶灰岩、黏土质灰岩，结构致密，硬度较大，为稳固性岩层。另外，矿体中偶尔夹杂 1～1.2 m 粉砂质页岩，该层不连续，为不稳固岩层。

c. 上盘围岩。

上盘围岩为毛庄组、馒头组三段地层，主要出露于 4～5 线之间。上盘围岩下部为紫色页岩、黄绿色粉砂质页岩，层理发育，岩性为不坚固的软岩层，为不稳固岩层；其中上部为条带状粉砂质粉晶灰岩夹黄绿色页岩；其上部为砂屑鲕粒灰岩，为半稳固性岩石。

d. 下盘围岩。

下盘围岩为馒头组一段上部紫色粉砂质页岩及黄绿色粉砂质页岩，层理发育，为不稳固性页岩，处于底板，倾角为 15°～20°，对采矿影响不大。

② 构造及岩浆岩影响分析。

矿区内断裂构造比较简单，F_1 断层位于矿体北外侧；F_2 断层位于矿体南外侧，对矿体无影响；F_3 断层位于矿区东南部，对矿体无影响。矿体内无岩浆岩活动。

③ 节理发育程度分析。

矿体后期节理不发育，早期节理被方解石细脉充填。

④ 矿体和围岩物理力学性质分析。

根据矿区矿层和围岩的岩性及物理力学性质、空间分布，分为四个工程地质岩组。矿体和围岩力学性质如表 5-6 所示。

表 5-6　矿体和围岩力学性质

地质岩组	岩层	岩石类型	平均饱和单轴抗压强度/MPa	平均抗剪强度/MPa	峰值抗剪凝聚力/MPa	稳固性
第一类	毛庄组	鲕粒灰岩	57.85	31.79	12.51	硬质稳固岩层
		条带状灰岩	51.13	28.19	10.38	硬质稳固岩层
		页岩	20.10			次软岩层
		岩组	43.69			次硬岩层
第二类	馒头组三段	页岩	20.10			次软岩层
第三类	馒头组二段	粉晶灰岩	57.85	31.79	12.51	硬质稳固岩层
		花纹状灰岩	53.13	28.19	10.38	硬质稳固岩层
		泥灰岩	29.21	14.63	4.01	次软岩层
第四类	馒头组一段	页岩夹粉晶灰岩、泥灰岩	28.56	19.12	7.68	次软岩层

5.3.2 爆破参数设计

本工程爆破山体较高,石料开采主要采用深孔台阶爆破。为了降低爆破有害效应,提高爆后岩石破碎的块度尺寸和均匀性,提高装载效率,本工程主要采用微差爆破技术,进行台阶松动爆破,每次爆破 2～3 排炮孔,单次爆破炮孔总数不超过 30 个。爆破设计参数示意图如图 5-18 所示。

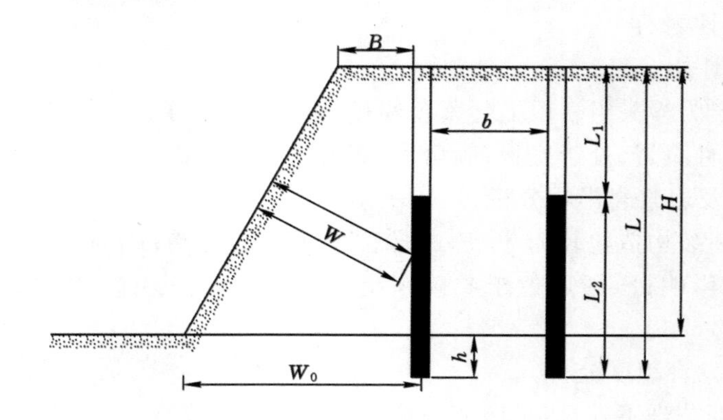

H—台阶高度;L—炮孔深度;L_1—填塞长度;L_2—装药长度;
b—排距;h—钻孔超深;W—最小抵抗线;W_0—底盘抵抗线;B—孔边距。

图 5-18 爆破设计参数示意图

表 5-7 钻孔爆破单位炸药消耗量 单位:kg/m³

炮孔	岩石类别与岩石分级		
	软岩石	中等硬度岩石	坚硬岩石
	5～7	8～9	10～13
首排炮孔	0.40～0.41	0.43～0.55	0.55～0.70
后排炮孔	0.48～0.52	0.52～0.66	0.66～0.84
微差爆破各炮孔	0.21～0.47	0.39～0.53	0.44～0.58

本工程采用垂直深孔台阶爆破。典型断面爆破参数设计如下:

① 主爆区台阶高度 H。

根据矿山总体开采设计方案,台阶高度 H 取值为 13 m。

② 钻孔直径 D。

采用高风压钻机,钻孔直径 D 为 150 mm。

③ 最小抵抗线 W。

根据工程爆破相关经验，W 取值为：

$$W = (20 \sim 40)D \tag{5-9}$$

选用 $30D$，取 $W=4.0$ m。

④ 钻孔超深 h。

$$h = (0.3 \sim 0.5)W \tag{5-10}$$

取 $h=2.0$ m。

⑤ 炮孔深度 L。

$$L = (H + h) = 15.0 \text{ m} \tag{5-11}$$

⑥ 炮孔间距 a 和排距 b。

$$a = nW \tag{5-12}$$

$$b = 0.86a \tag{5-13}$$

式中，n 为炮孔相邻系数。n 取值 0.8～1.4。炮孔间距 $a=3.2$～5.6 m(取 5.0 m)；炮孔排距 $b=2.8$～4.8 m(取 4.0 m)。

⑦ 每孔装药量 Q。

$$Q = qaWH = q \times 5 \times 4 \times 13 = 124 \sim 171 \text{ (kg)} \tag{5-14}$$

式中，q 为单位耗药量，取 $q=0.48$～0.66 kg/m^3。q 具体取值根据现场岩石坚硬情况确定。

⑧ 堵塞长度 L_1 和装药长度 L_2。

$$L_2 = Q/q_1 = 7.0 \sim 10.0 \text{ m} \tag{5-15}$$

式中，q_1 为每米装药量。取 $q_1=18.0$ kg/m。

根据钻孔深度和实际装药情况，L_1取 5.0～8.0 m。

⑨ 网孔数量。

爆破相关参数：孔网尺寸 5.0 m×4.0 m；段高 13.0 m，超深 2.0 m，即孔深 15.0 m；单次爆破 3 排孔，每排 8 个孔，共计 24 个孔；钻孔区域宽度 35.0 m。

⑩ 微差起爆间隔时间计算及导爆雷管选择。

根据经验公式，微差起爆间隔 Δt 由下式计算

$$\Delta t = A \cdot W \tag{5-16}$$

式中，A 为系数，取值为 3～6 ms/m。坚硬岩石时，A 取小值；松软岩石时，A 取大值。此处 A 取 5 ms/m。排间微差起爆间隔不小于 25 ms，实际施工时其取 50 ms。排内连线选择 3 段导爆管雷管，孔内连线选择 8 段导爆管雷管，以确保爆破效果及安全。

根据工程的实际情况对岩石破碎的要求及对周围建筑的安全考虑，主要采用单孔起爆，以确保周围建筑的安全及周围居民的正常生活。单孔装药量约为 180 kg，单段最大齐爆药量取 250 kg。考虑爆破区周围的环境特点，确保周围建

筑物的安全和居民的正常生活，一次起爆总药量小于 5 t。

5.3.3 爆破存在问题

矿山加工的产品主要用于工业用石子。为了便于二次破碎和增大矿山加工成品的产出，对爆破后的矿岩块度要求较为严格。然而受难爆矿体和地质构造的影响，在同一爆破区内，往往产生较大的矿岩块度。通过分析，出现这种问题主要有以下几点原因。

① 在台阶顶部，由于爆破能量要克服抵抗线的阻力，炸药在炮孔顶部填充段的能量减弱，不足以达到岩石的最大抗剪强度，致使岩石破坏不均匀，产生大块矿岩。

② 在台阶底部，由于钻孔深度或钻孔偏差 达不到设计要求，前次爆破量过大导致台阶坡面上较多的裂隙或坡面角变小，且炸药能量不足，致使爆破后台阶留有较大的根底。

③ 由于炮孔中存在有软、硬岩接触面或节理裂隙，爆生气体在接触面大量耗散，以至于剩余的爆生气体难以入侵到致密、坚硬的岩体中而产生大块矿岩。

④ 炸药与岩石不匹配。在爆破中使用改性铵油炸药。该类炸药在爆破与其波阻抗相近的岩石时，有着较好的效果，但在爆破致密、坚硬岩石爆破过程中，常由于能量不足导致大块岩块的产生。

5.3.4 爆轰波碰撞聚能台阶爆破

通过上述对常规爆破后效果不足的分析，为了达到更好的爆破效果，提高矿山成品产出效率，决定在普通爆破难以达到理想效果的硬岩区域采用爆轰波碰撞聚能爆破技术。但矿区主要采用铵油炸药作为主装药，为了更好实现爆轰波聚能效果，在考虑工程应用简便的技术上设计对称起爆架装置。采用角形塑料条作为长方形支架，在塑料支架上固定起爆用导爆索。起爆架长度为500 mm，其宽度根据炮孔尺寸进行调节，其宽度一般为炮孔孔径的 80%～90%。每个起爆架作为一个单独的起爆单元，在炮孔中形成独立的爆轰波聚能作用。为便于导爆索或其他高能炸药条的固定，可在支架上预留一些空孔。爆轰波碰撞聚能装置如图 5-19 所示。应用炮孔探测器观测到的聚能装置在炮孔内的姿态如图 5-20所示。

5.3.5 试验结果及其分析

从两种不同起爆形式下的爆堆情况（图 5-21）可以看出，常规爆破时，岩石块度相对较大，且尺寸差别较大；爆轰波聚能爆破时，岩石块度分布较为均匀。

图 5-19　爆轰波碰撞聚能装置

图 5-20　聚能装置在炮孔内姿态

图 5-21　两种不同起爆形式下的爆堆情况

应用分水岭图像分割技术对爆堆块度进行分析，得到爆破后岩石块度分布（如图 5-22 所示）。当采用常规爆破时，约 90%的岩石块度尺寸小于 32 cm，最大岩石块度尺寸为 56 cm；当采用爆轰波聚能爆破技术时，其岩石块度的 99%都小于 17 cm，最大岩石块度尺寸较常规爆破时的降低 66.61%，仅为 18.7 cm。爆破后开挖现场发现：爆轰波碰撞聚能爆破技术的爆破根底要比常规雷管起爆的好得多，极大节约平整场地的工耗和费用。

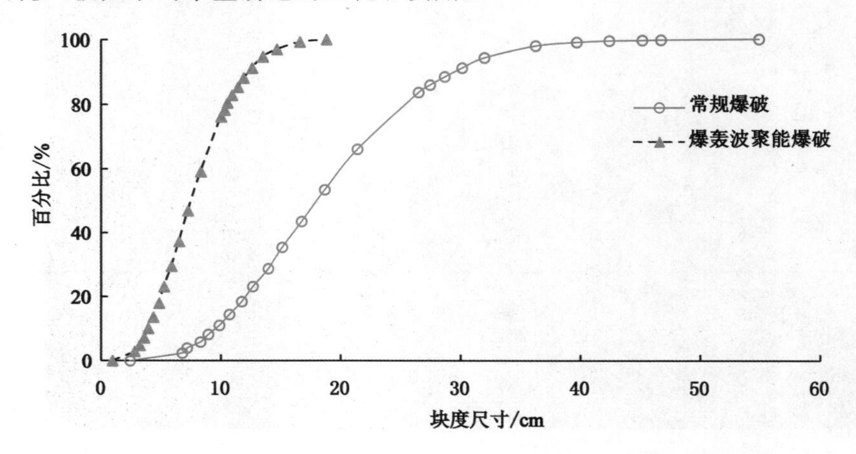

图 5-22　爆破后岩石块度分布

5.4　本 章 小 结

在爆破基础试验、理论分析和数值模拟计算的基础上，开展爆轰波碰撞聚能爆破技术的工业应用研究。本章得出如下主要结论。

① 采用爆轰波碰撞聚能爆破技术时，爆破进尺提高约 2.29 倍，炸药单耗降低 60.48%，单循环工时缩短 28.57%，避免了二次人工破碎。

② 针对红沿河核电站盾构地下孤石爆破达不到盾构掘进速率要求的现状，采用爆轰波聚能爆破技术，爆破后使岩石质量指标 RQD 值降至 7%，较径向不耦合装药爆破时的降低 85.42%，掘进速率提升 42.74%，掘进成本降低 26.74%，极大地降低了盾构机刀盘磨损、水电损耗和掘进成本。

③ 针对露天采矿台阶爆破过程中的岩石块度不均匀和留有根底的情况，采用爆轰波碰撞聚能爆破技术，使爆破后岩石块度均匀性大幅提高，最大岩石块度尺寸较常规爆破时的降低 66.61%，避免了爆破后留有根底的情况，极大节约了平整场地费用。

参考文献

[1] 朱红兵.空气间隔装药爆破机理及应用研究[D].武汉:武汉大学，2006.

[2] 曹雄.高能传爆药装药结构研究及起爆过程数值模拟[D].太原:中北大学,2005.

[3] KUTTER H K,FAIRHURST C.On the fracture process in blasting [J]. International Journal of Rock Mechanics and Mining Sciences and Geomechanics,1971,8(3):181.

[4] 哈努卡耶夫.矿岩爆破物理过程[M].刘殿中,译.北京:冶金工业出版社,1980.

[5] 钮强,熊代余.炸药岩石波阻抗匹配的试验研究[J].有色金属,1988 (4):13-17.

[6] 张奇,王廷武.岩石与炸药匹配关系的能量分析[J].矿冶工程,1989 (4):15-19.

[7] 李夕兵,古德生,赖海辉,等.岩石与炸药波阻抗匹配的能量研究[J].中南矿冶学院学报,1992(1):18-23.

[8] 赖应得.论炸药和岩石的能量匹配[J].工程爆破,1995(2):22-26.

[9] 卢珊珊.爆破荷载作用下隧洞围岩动力响应及破坏模式研究[D].天津:天津大学，2012.